科学。奥妙无穷 ▶

# 火山奇观

HUOSHANQIGUAN

李应辉 编著

北方妇女儿童出版社

目　录

目　录

# ● 探秘火山

浓烟翻滚的火山不断喷发出熊熊烈火和炽热的石块，致使熔岩流肆虐横行。数千年来，这种自然现象一直让人类困惑不解。古人将火山视作上帝的居所，而在今天，维苏威火山、乌尔卡诺火山、埃特纳火山、斯特龙博利火山和夏威夷基拉韦厄火山却吸引了无数游客前来观光。

没有什么能像火山一样，如此明显地彰显着地球内部的威力。无论是在乡村还是在城市，都曾经发生过成千上万的百姓被从天而降的火山灰掩埋，被酷热的毒气云烧焦，被火山爆发引起的潮水溺死的惨剧。世界上最猛烈的火山爆发甚至会引起全球性的气候变化，从而导致全世界范围内的大饥荒。而另一方面，火山爆发使周边的土壤因富含矿物质而变得十分肥沃，给人类带来了五谷丰登的喜悦。地热也给人类补给了部分能源。甚至连我们的生命都可能是起源于地热而形成的含硫的温泉中。火山爆发是地球内部力量的外在体现，由此可见，地壳之下有股令人难以置信的力量在奔突。火山是怎样形成的？在地球之外的天体上是否也存在着火山？世界上有哪些著名的活火山？火山除了能带来灾难，还能带来什么？那么，让我们走近火山，撩开火山的面纱，看清火山的真面目，我试着为你讲述了有关火山的奇闻趣事。

火山是炽热地心的窗口，是地球上最具爆发性的力量。地壳之下100至150千米处，有一个"液态区"，区内存在着高温、高压下含气体挥发成分的熔融状硅酸盐物质，即岩浆。它一旦从地壳薄弱的地段冲出地表就形成了火山。火山爆发能喷出多种物质。

## 火山的概况 >

　　在地球上已知的"死火山"约有2000座。已发现的"活火山"共有523座，其中陆地上有455座，海底火山有68座。火山在地球上分布是不均匀的，它们都出现在地壳中的断裂带上。就世界范围而言，火山主要集中在环太平洋一带和印度尼西亚向北经缅甸、喜马拉雅山脉、中亚、西亚到地中海一带，现今地球上的活火山99%分布都在这两个带上。

> ## 火山的名字来源

　　古罗马时期，人们看见火山喷发的现象，便把这种山在燃烧的原因归之为火神乌尔卡发怒，于是意大利南部地中海利帕里群岛中的乌尔卡诺火山便由此而得名，同时也成为火山一词的英文名称——Volcano。

## 火山的根源 ＞

在距离地面大约32千米的深处存在大量高温液体，其温度之高足以熔化大部分岩石。岩石熔化时膨胀，需要更大的空间。世界的某些地区，山脉在隆起。这些正在上升的山脉下面的压力在变小，这些山脉下面可能形成一个熔岩（也叫"岩浆"）库。

这种物质沿着隆起造成的裂痕上升。熔岩库里的压力大于它上面的岩石顶盖的压力时，便向外迸发成一座火山。

喷发时，炽热的气体、液体或固体物质突然冒出。这些物质堆积在开口周围，形成一座锥形山头。"火山口"是火山锥顶部的洼陷，开口处通到地表。锥形山是火山形成的产物。火山喷出的物质主要是气体，但是像渣和灰的大量火山岩和固体物质也喷了出来。实际上，火山岩是被火山喷发出来的岩浆，当岩浆上升到接近地表的高度时，它的温度和压力开始下降，发生了物理和化学变化，岩浆就变成了火山岩。

## 火山的分布 >

　　板块构造理论建立以来，很多学者根据板块理论建立了全球火山模式，认为大多数火山都分布在板块边界上，少数火山分布在板内，前者构成了四大火山带，即环太平洋火山带、大洋中脊火山带、东非裂谷火山带和阿尔卑斯—喜马拉雅火山带。板块学说在火山研究中的意义在于它能把很多看来是彼此孤立的现象联为一个有机的整体，但以这个学说建立的火山活动模式也并不是十分完美的，如环大西洋为什么就没有火山带；板内火山不在板块边界上，用地幔柱解释它的成因似乎依据也不够充分。

## • 环太平洋火山带

环太平洋火山带（又称环太平洋带、环太平洋地震带或火环），南起南美洲的安第斯山脉，经北美洲西部的落基山脉（科迪勒拉山系），转向西北的环太平洋火山带阿留申群岛、堪察加半岛，向西南延续的是千岛群岛、日本列岛、琉球群岛、台湾岛、菲律宾群岛以及印度尼西亚群岛，全长4万余千米，呈一向南开口的环形构造系。环太平洋火山带也称环太平洋火环，有活火山512座，其中南美洲科迪勒拉山

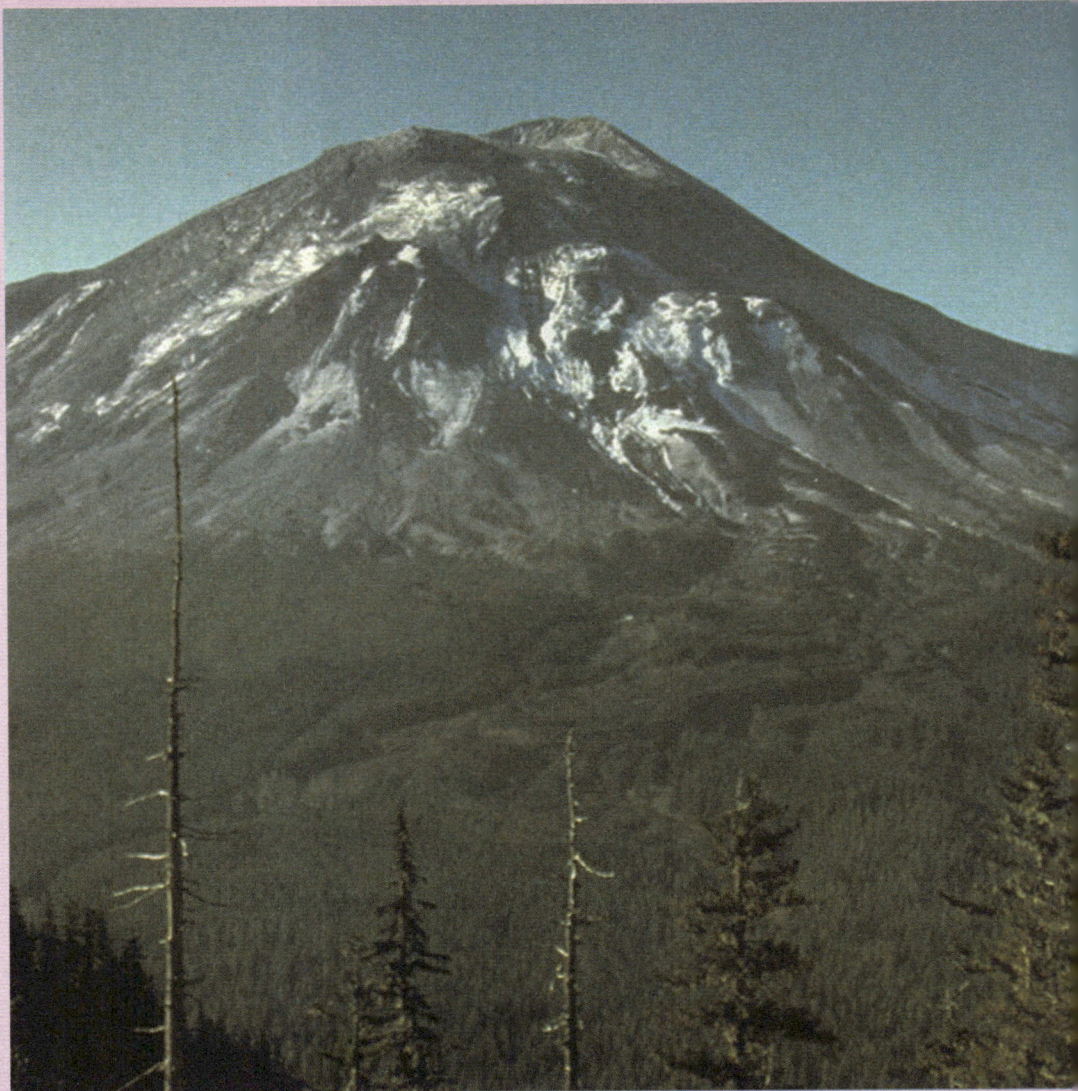

系安第斯山南段的 30 余座活火山，北段有 16 座活火山，中段尤耶亚科火山海拔 6723 米，是世界上最高的活火山。再向北为加勒比海地区，沿太平洋沿岸分布的著名火山有奇里基火山、伊拉苏火山、圣阿纳火山和塔胡木耳科火山。北美洲有活火山 90 余座，著名的有圣海伦斯火山、拉森火山、雷尼尔火山、沙斯塔火山、胡德火山和散福德火山。在阿留申群岛上最著名的是卡特迈火山和伊利亚姆纳火山。在堪察加半岛上有经常活动的克留契夫火山，向南千岛群岛和日本列岛山岛弧，著名火山分布在日本列岛，如浅间山、岩手山、十胜岳、阿苏山和三原山都是多次喷发的活火山。琉球群岛至台湾岛有众多的火山岛屿，如赤尾屿、钓鱼岛、彭佳屿、澎湖岛、七星岩、兰屿和火烧岛等，都是新生代以来形成的火山岛。火山活动最活跃的可算菲律宾至印度尼西亚群岛的火山，如喀拉喀托火山、皮纳图博火山、塔匀火山、坦博拉火山和小安的列斯群岛的培雷火山等，近代曾发生过多次喷发。

环太平洋带，火山活动频繁。据历史资料记载，全球现代喷发的火山这里占 80%，主要发生在北美、堪察加半岛、日本、菲律宾和印度尼西亚。印度尼西亚被称为"火山之国"，南部包括苏门答腊、爪哇诸岛构成的弧—海沟系，火山近 400 座，其中 129 座是活火山，这里仅 1966—1970 年 5 年间，就有 22 座火山喷发，此外海底火山喷发也经常发生，致使一些新的火山岛屿露出海面。

环太平洋火山带的火山岩主要是中性岩浆喷发的产物，形成了钙碱性系列的岩石，最常见的火山岩类型是安山岩，距海沟轴 150—300 千米的陆地内，安山岩平行于海沟呈弧形分布，即所谓的"安山岩线"。另一特点是，自海沟向陆地方向岩石有明显的水平分带性，一般随与海沟距离的增大，依次分布为拉斑系列岩石、钙碱性系列岩石和碱性系列的岩石。这里的火山多为中心式喷发，火山爆发强度较大，如果发生在人口稠密区，则往往造成严重的火山灾害。

## • 洋脊火山带

大洋中脊也称大洋裂谷，它在全球呈"W"形展布，从北极盆穿过冰岛，到南大西洋，这一段是等分了大西洋壳，并和两岸海岸线平行。向南绕非洲的南端转向东北与印度洋中脊相接。印度洋中脊向北延伸到非洲大陆北端与东非裂谷相接。向南绕澳大利亚东去，与太平洋中脊南端相边，太平洋中脊偏向太平洋东部，向北延伸又进入北极区海域，整个大洋中脊构成了"W"形图案，成为全球性的大洋裂谷，总长 8 万余千米。大洋裂谷中部多为隆起的海岭，比两侧海原高出 2—3 千米，故称其为大洋中脊，在海岭中央又多有宽 20—30 千米，深 1—2 千米的地堑，所以

# 火山奇观

又称其为大洋裂谷。大洋内的火山就集中分布在大洋裂谷带上，人们称其为大洋中脊火山带。根据洋底岩石年龄测定，说明大洋裂谷形成较早，但张裂扩大和激烈活动是在中生代到新生代，尤其第四纪以来更为活跃，突出表现在火山活动上。

大洋中脊火山带火山的分布也是不均匀的，多集中于大西洋裂谷，北起格陵兰岛，经冰岛、亚速尔群岛至佛得角群岛，该段长达万余千米，海岭由玄武岩组成，是沿大洋裂谷火山喷发的产物。由于火山多为海底喷发，不易被人们发现，据有关资料记载，大西洋中脊仅有

60余座活火山。冰岛位于大西洋中脊，冰岛上的火山我们可以直接观察到，岛上有200多座火山，其中活火山30余座，人们称其为火山岛。

## • 红海沿岸与东非火山带

东非裂谷是大陆最大裂谷带，分为两支：裂谷带东支南起希雷河河口，经马拉维肖，向北纵贯东非高原中部和埃塞俄比亚中部，至红海北端，长约5800千米，再往北与西亚的约旦河谷相接；西支南起马拉维湖西北端，经坦喀噶尼喀湖、基伍湖、爱德华湖、阿尔伯特湖，至阿伯特尼罗河谷，长约1700千米。

HUO SHAN QI GUAN

裂谷带一般深达 1000 – 2000 米，宽 30 – 300 千米，形成一系列狭长而深陷的谷地和湖泊，如埃塞俄比亚高原东侧大裂谷带中的阿萨尔湖，湖面在海平面以下 150 米，是非洲陆地上的最低点。

现代火山活动中心集中在三个地区，一是乌干达—卢旺达—扎伊尔边界的西裂谷系，自 1912—1977 年就有过 13 次火山喷发，尼拉贡戈火山至今仍在活动；二是埃塞俄比亚阿费尔（阿曼）坳陷的埃尔塔火山和阿夫代拉火山，自 1960—1977 年曾发生过多次喷发；三是坦桑尼亚纳特龙（坦桑）湖南部的格高雷裂谷上的伦盖（坦桑）火山，自 1954 到 1966

年曾有过多次喷发，喷出岩为碳酸盐岩类，有较高含量的碳酸钠，为世界所罕见。位于肯尼亚图尔卡纳湖南端的特雷基火山在 20 世纪 80—90 年代间也曾多次喷发。现代火山活动区，温泉广泛发育，火山喷气活动明显，多为水蒸气和含硫气体，这是火山现今的活动迹象。

• 地中海——印度尼西亚火山带

这一带共有活火山 70 余座，其中地中海沿岸有 13 座，印度尼西亚有 60 余座。这一火山带喷发的岩浆性质从基性到酸性都有，不同的火山表现不同，同一火山不同喷发阶段也有变化。

## 火山分类 〉

### ● 按活动情况分

活火山指现在尚在活动或周期性发生喷发活动的火山。这类火山正处于活动的旺盛时期。如爪哇岛上的梅拉皮火山，本世纪以来，平均间隔两三年就要持续喷发一个时期、我国近期火山活动以台湾岛大屯火山群的主峰七星山最为有名。大陆上，仅 1995 前在新疆昆仑山西段于田的卡尔达西火山群有过火山喷发记录。火山喷发形成了一个平顶火山锥。

死火山指史前曾发生过喷发，但有史以来一直未活动过的火山。此类火山已丧失了活动能力。有的火山仍保持着完整的火山形态，有的则已遭受风化侵蚀，只剩下残缺不全的火山遗迹、我国山西大同火山群在约 123 平方千米的范围内，分布着 99 个孤立的火山锥，其中狼窝山火山锥高将近 1900 米。

休眠火山指有史以来曾经喷发过，但长期以来处于相对静止状态的火山。此类火山都保存有完好的火山锥形态，仍具有火山活动能力，或尚不能断定其已丧失火山活动能力。如我国长白山天池，曾于 1327 年和 1658 年两度喷发，在此之前还有多次活动。目前虽然没有喷发活动，但从山坡上一些深不可测的喷气孔中不断喷出高温气体，可见该火山目前正处于休眠状态。应该说明的是，这三种类型的火山之间没有严格的界限。休眠火山可以复苏，死火山也可以"复活"，相互间并不是一成不变的。过去一直认为意大利的维苏威火山是一个死火山，在火山脚下，人们建筑起许多城镇，在火山坡上开辟了葡萄园，但在公元 79 年维苏威火山突然爆发，高温的火山喷发物袭占了毫无防备的庞贝和赫拉古农姆两座古城，两座城市及居民全部毁灭和丧生。

## • 按喷发类型分

火山喷发类型按岩浆的通道分为裂隙式喷发、熔透式喷发和中心式喷发三大类。

裂隙式喷发又称冰岛型火山喷发。岩浆沿地壳中的断裂带或裂隙溢出地表，这样形成的火山通道在地表呈窄而长的线状，向下呈墙壁状。这类喷发没有强烈的爆炸现象，喷发温和宁静，喷出的岩浆为黏性小的基性玄武岩浆，碎屑和气体少。基性熔岩溢出后，可以形成广而薄的熔岩流、熔岩坡或熔岩台地，甚至形成熔岩高原。

熔透式喷发的岩浆上升时，由于温度很高，再加上岩浆和岩石之间的一些化学作用，致使上面的岩石被熔透而顶开，形成直径很大、形状不规则的火山通道；岩浆失去压力后大面积溢出地表。炽热的岩浆从火山通道缓慢溢出形成熔岩流，最后逐渐冷凝形成熔岩。熔透式喷发形成的火山岩分布范围很广，火山口一般不明显。这类喷发有时岩浆上升停留在中途，没能融化顶部岩层便冷凝下来，只在地面隆起成丘，这种火山称为"潜火山"或"地下火山"。一些学者认为，远古时代地壳较薄，地下岩浆热力较大，常造成熔透式岩浆喷发，现代已不存在。

中心式喷发——岩浆沿火山喉管喷出地面。根据喷出物和活动强弱又可分为下列几种，其名称用代表性的火山名或地名、人名命名。①夏威夷型：岩浆为基性溶岩，气体和火山灰很少。熔岩从火山口中溢出，火山锥体为盾形，顶部碗状火山口中有灼热熔岩湖，湖面有熔岩"喷泉"。②斯特朗博利型：岩浆为较黏性的中—基性，气体较多，具有中等强度的爆炸，喷出物主要是火山弹、火山渣和老岩屑，也有熔岩流。火山锥为碎屑锥或层状锥。③乌尔坎诺型：猛烈喷发的一种。黏性的或固体有棱角的大块熔岩伴随大量火山灰抛出，形成"烟柱"。熔岩流少或没有熔岩流。形成碎屑锥或层状锥。④培雷型：岩浆为黏稠的中—酸性，多气体，强烈爆炸，有迅猛的火山灰流。火山锥为坡度较大的碎屑锥，锥顶部为岩穹，经风化剥蚀后火山颈突出地面。⑤普里尼型：黏稠岩浆在火山通道内形成"塞子"，一旦熔岩冲破"塞子"，爆炸特别强烈，产生高耸入云的发光火山云及火山灰流。锥顶为猛烈的爆炸所破坏的火山口。⑥超乌尔坎诺型：通常无岩浆喷出，喷出物主要是岩石碎屑和火山灰、气体，量不多，火山口低平。⑦蒸气喷发型：地下水被岩浆气化，连续的或周期性喷出气体。

## • 按火山锥分类

火山锥的基本类型有 3 种。全部或基本上是多层碱性熔岩构成的是熔岩锥，它形状扁平、坡度缓（2°—10°），顶部有碗状火山口。其中规模巨大的叫盾形火山。全部由火山碎屑组成的是碎屑锥。其平面近似圆形，坡度约 30°，顶部有一个漏斗状火山口。由熔岩和碎屑互层构成的叫复合锥，也叫层状火山锥。其坡度大多超过 30°，形状比较对称，上部多熔岩，下部和边缘主要是火山碎屑。火山口呈碗状或漏斗状。有些火山锥坡上还有小型火山锥，其通道与主火山锥的通道相连，无独立的岩浆源。这种小型火山锥称寄生锥。

古罗马人并不知道火山是怎么形成的，也不知道火山为什么会爆发。但是，他们是最先对火山爆发进行详细记录的人。由此可见，观察并记录火山活动是火山学家的工作重点，这对于全面了解火山很有帮助。

# ● 火山喷发

### 火山喷发的过程 >

　　火山喷出地表前的过程归纳为三个阶段：岩浆形成与初始上升阶段、岩浆囊阶段和离开岩浆囊到地表阶段。

### • 岩浆形成与初始上升阶段

岩浆的产生必须有两个过程：部分熔融和熔融体与母岩分离。实际上这两种过程不大可能互相独立，熔融体与母岩的分离可能在熔融开始产生时就有了。部分熔融是液体（即岩浆）和固体（结晶）的共存态，温度升高、压力降低和固相线降低均可产生部分熔融。当部分熔融物质随地幔流上升时，在流动中也会产生液体和固体的分离现象，从而产生液体的移动乃至聚集，称之为熔离。

### • 岩浆囊阶段

岩浆囊是火山底下充填着岩浆的区域，是地壳或上地幔岩石介质中岩浆相对富集的地方。一般视为与油藏类似的岩石孔隙（或裂隙）中的高温流体，通常认为在地幔柱内，岩浆只占总体积的5%—30%。从局部看，可以视为内部相对流通的液态集合。岩浆是由岩浆熔融体、挥发物、以及结晶体组成的混合物。

### • 从岩浆囊到地表阶段

岩浆从岩浆源区一直到近地表的通路的上升，与岩浆囊的过剩压力、通道的形成与贯通以及岩浆上升中的结晶、脱气过程有关。当地壳中引张或引张—剪切应力大于当地岩石破裂强度时，便可能形成张性或张—剪性破裂，如若这些裂隙互相连通，就可以作为岩浆喷发的通道。喷发时常有巨大的闪电出现。

21

## 破火山口的形成 ⟩

破火山口形成时，火山轻微爆发期间，岩浆升到火山主要裂口的顶部。当喷发力量加强时，岩浆迅速回落到岩浆池的顶部。在蒲林尼型或佩莱型火山喷发达到顶点后，岩浆回落到岩浆池顶部的下面，在过去支撑池顶的地方留下一个空间。一旦失去岩浆支撑，破火山口就陷入岩浆池，破火山口的底部会有更多喷发。

## 火山喷发条件 ›

一个地方能否形成火山主要在于是否具备以下条件：

1. 部分熔融体的形成，必须有较高的地热（自身积累的或外界条件产生的），或隆起减压过程，或脱水而减低固相线。

2. 岩浆在地壳中的富集，或岩浆囊形成的位置与中性浮力面的深度有关，而中性浮力面的深度又与地壳流变学间断面有关。

3. 岩浆囊中的物理化学过程，主要是结晶体、挥发物与流体的分额与相互作用，岩浆喷发起着促使或抑制作用。地壳岩浆囊的存在起着拦截、改造地幔升上的岩浆的作用。它也是形成爆炸式火山喷发的重要条件。

4. 岩浆囊的存在对岩浆通道的形成有促进作用，而构造活动产生的引张应力场是形成岩浆通道的主要原因。

5. 岩浆离开岩浆囊后的上升受到压力梯度与浮力的双重驱动。

## 火山活动有"开关"  〉

火山活动有许多种因素，而冰川和海水则起着"开关"的作用。前不久在美国夏威夷召开的一次关于火山活动的国际会议上，美国和冰岛的一些科学家认为火山活动和冰川有密切关系。

他们认为，在冰期，高纬度地区的冰川对火山来说就像一顶盖子，冰川的压力抑制了火山的喷发。而在低纬度地区，由于海平面下降，海水的压力变小，一些岛的火山就有可能喷发。当冰川退缩时，即间冰期，情况恰好相反，高纬度地区因为冰川退缩后火山上的压力减小，使得火山易于喷发。在低纬度地区，由于冰川溶化使海平面升高，水压增大，抑制了火山喷发活动。

因此当冰期来临时，高纬度地区的火山活动趋于平静，而低纬度地区的火山活动相对活跃。在间冰期，由于冰川退缩，高纬度地区的火山相对活动加剧，而低纬度地区的火山相对趋于平静。美国一位专家说："我们并不认为冰川活动是导致火山活动的唯一因素，但在某些场合下，如火山活动的一切准备已就绪，则冰川的影响可能起到一个开关的作用。"

这一模式已得到一些支持的证据。如专家们对冰岛火山的研究发现，大量熔岩形成于冰川退缩的时期，专家们估计冰期的冰川厚度超过1000米，足以抑制大多数的火山活动。有时岩浆系统会聚集足够的能量在冰川退缩以前冲破冰盖，但这种情况并非常见。美国一些地质学家对夏威夷火山的研究则发现，许多是冰期形成的。

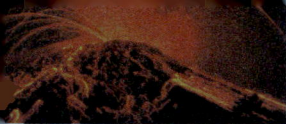

## 全球十大火山的爆发 >

火山是自然界最壮观的现象，然而火山爆发对人类生活的破坏性让人唯恐避之不及，因为它会彻底摧毁人类所居住的城镇和村庄，甚至影响全球气候。火山爆发时会喷出大量火山灰和火山气体，从而对气候造成极大的影响。在这种情况下，昏暗的白昼和狂风暴雨，甚至泥浆雨都会困扰当地居民长达数月之久。火山灰和火山气体被喷到高空处，它们会随风散布到很远的地方。这些火山物质通常会遮住阳光，导致气温下降。此外，它们还可滤掉某些波长的光线，使得太阳和月亮看上去就像蒙上一层光晕，或是泛着奇异的色彩，尤其在日出或日落时能形成奇特的自然景观。

## • 冰岛火山爆发

冰岛的火山喷发似乎并没有停歇的迹象，而事实已经证明火山产生的尘埃柱非常危险。而且，喷出的灰尘和有害排放物都是这个世界需要承受的不利后果。以前也有过这种规模的火山爆发，它们产生的严重后果足以动摇人类文明。

下面是 10 次最大规模的火山爆发。

艾雅法拉火山爆发产生的尘埃云团，升至冰川上方高达 1.52 千米的地方。从很远就可以看到，烟雾和灰尘向南漂移，淹没了英格兰上空和欧洲一部分地区，使交通陷入一片混乱。欧洲的很多航班被迫取消。地质学家称，火山灰可导致飞机发动机失灵。

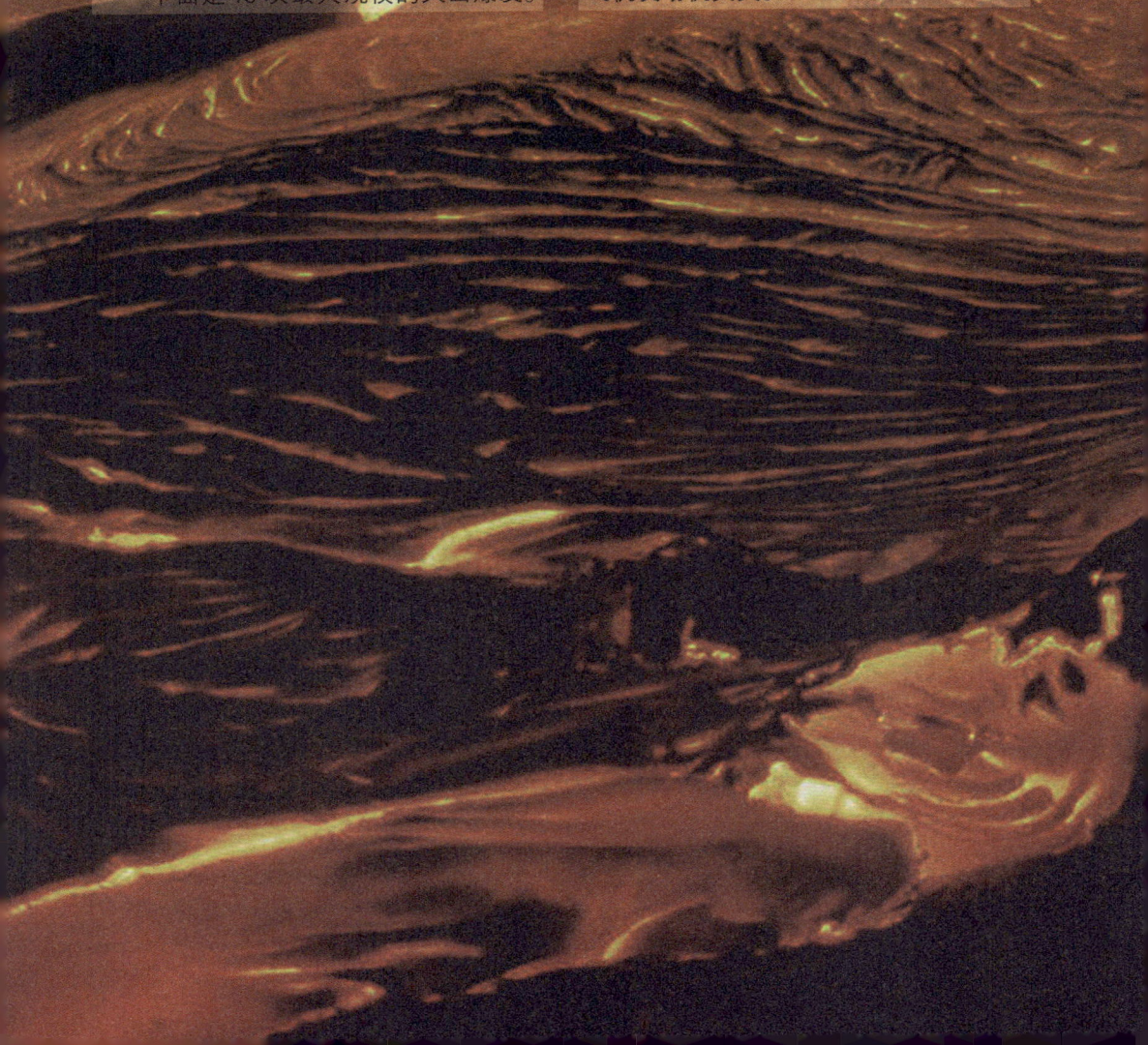

## · 拉·加里塔·卡尔迪拉火山爆发

拉·加里塔·卡尔迪拉火山是位于美国科罗拉多州西南圣胡安山脉的圣胡安火山区域的一个大火山口，位于科罗拉多州拉加里塔镇的西部。它在2800万年前爆发，这也许是地球史上最大规模的火山爆发，它喷出超过5000亿立方米的火山熔岩，留下这些由火山灰构成的美丽景观。

## · 诺瓦拉普塔火山爆发

20世纪最大规模的火山爆发发生在1912年，喷发从6月6日持续到6月8日，最终形成美国阿拉斯加州诺瓦拉普塔火山。爆发指数为6的诺瓦拉普塔火山，喷发产生的阿拉斯加半岛组成物，比历史上其他所有阿拉斯加火山爆发给这个半岛带来的物质都多。在科迪亚克岛舍利科夫海峡，火山灰纷纷从天而降，这种情况一直持续了 3 天，主要市镇的地面上堆积的火山灰足有 30.48 厘米厚。这次火山爆发非常剧烈，它导致距离它有 9.66 千米的卡特迈山的顶部坍塌。

• 印尼坦博拉火山爆发

印尼坦博拉火山爆发是过去 2 个世纪最大规模的火山爆发。这次爆发从 1815 年 4 月 10 日持续到 11 日，它的爆发指数达到 7 级，据称，这座最致命的火山导致近 9.2 万人丧生。火山爆发和它产生的火山灰使全球气温下降超过 2.8 摄氏度。1816 年无法正常播种，这一年又被称作"无夏年"。

• 喀拉喀托火山爆发

1883 年 8 月 27 日，印度尼西亚喀拉喀托火山爆发，它发出的震耳欲聋的声音，

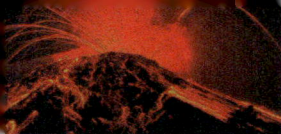

从远在大约 3218.69 千米以外的澳大利亚也能听到。爆发指数为 6 级的这场大规模爆发，引发一系列高达 45.72 米的海啸，它们波及夏威夷群岛和南美洲，超过 3.6 万人丧失。它产生 5 立方英里灰尘，在长达两天时间里使周围地区一直陷在黑暗之中。那是多年来全球看到的最引人注目的一次日落景观。

### · 皮纳图博火山爆发

1991 年菲律宾皮纳图博火山爆发，它的爆发指数达到 6 级，据称它的爆发规模在 20 世纪位居第二，这次爆发导致大约 800 人丧生。该火山位于菲律宾群岛邦板牙省、描礼士省和打拉省交界处。同一时期发生的热带风暴助长了火山熔岩的散布。结果全球气温在 3 年内持续下降，臭氧的消耗量也临时增加。

### · 基劳维亚火山爆发

基劳维亚火山是夏威夷群岛上的一座活火山，是组成夏威夷岛的 5 座盾状火山之一。这座火山从 1983 年开始喷发，并一直持续到现在。看到流入太平洋的熔岩流，一定会令你感到大吃一惊。为了一睹日落时分火山喷发的壮观场面，大量游客不辞辛苦来到这里。

### · 圣海伦斯火山爆发

圣海伦斯火山是一座活火山，位于美国太平洋西北华盛顿州的斯卡梅尼县，是喀斯喀特山脉的一部分。它休眠了大约 100 年后，在 1980 年爆发。炙热的火山灰升至大约 24.38 千米高空，把山顶削低了大约 426.72 米，导致 57 人丧生，造成经济损失高达 30 亿美元。

### · 圣玛利亚火山爆发

圣玛利亚火山是位于危地马拉西高地省的一座很大的活火山，它靠近克萨尔特南戈市。历史上有记录的圣玛利亚

火山第一次爆发发生在 1902 年 10 月。这次火山喷发的爆发指数是 6 级，它产生的火山灰一直蔓延到旧金山。1902 年的火山爆发产生的火山口，导致圣地亚哥上的这座火山的南侧非常陡峭。圣地亚哥发生的每一次地震或火山爆发，都会引发大规模山崩，使多达 100 平方千米的土地被覆盖。

• 培雷火山爆发

培雷火山是位于法国的海外属地、加勒比海小安地列斯岛弧马提尼克岛上的一座活火山。它是世界上最致命的层状火山之一。1902 年 5 月 8 日的火山爆发，导致 2.9 万人丧生，摧毁了距离该地大约 6.44 千米的港市圣皮埃尔堡。迅速流动的炽热气体和致密的液化火山粒子对所到之地造成很大破坏。

## 第一个探险火山口的人

一位 16 世纪的"淘金者"下到火山口深处寻找黄金，他的行为可媲美人类首次登月。

1538 年 4 月 13 日，在三个同伴的祈祷声中，布拉斯·德尔·卡斯蒂略头戴一顶金属头盔，随身携带一把锤子、一瓶葡萄酒和一个木制十字架，独自爬进篮筐，然后被同伴用绳索垂放到尼加拉瓜一座最活跃的火山口里。

卡斯蒂略当然知道进入活火山口是一件非常危险的事情，但他对火山并不是很了解，对于火山口中的熔岩湖更是一无所知。事前他只花了几个月时间，在火山口的边缘进行了一些研究探索。他看到了火山口下面喷着红色火焰的裂缝，冒着泡的火焰湖，还闻到了硫磺气体的气味，他还听说了关于这个火山口的许多故事。

西班牙军队曾于 1522 年开进尼加拉瓜，两年后这座沉寂多年的被叫作"马萨亚"的低矮火山开始喷发。自那以后，人们对它既恐惧又充满好奇。它有两个火山口，其中一个拥有一个永久性的熔岩湖。一到

晚上，火焰就从火山口喷射出来，将整个山顶照亮。火山气体不断从山腰处的裂缝里冲出，发出嘶嘶的声响。

当时人们并不了解火山爆发是怎么一回事。当地的印第安人相信这座火山是一位女神；西班牙征服者认为熔岩湖是通向地狱的入口；而卡斯蒂略相信，火山口底部的湖里满是液体的黄金。面对巨大"财富"的诱惑，他甘愿冒着高温和有毒的危险，下到火山口里去一探究竟，哪怕是与魔鬼碰面，他也在所不惜。

卡斯蒂略被同伴从火山口放了下去。到达火山口底部后，他从篮筐里爬出来，激动地吻了吻铺满火山灰的地面，然后开始用锤子从闪亮的岩壁上和裂缝处收集样本。他知道在没有帮手的情况下独自一人靠近熔岩湖很危险，所以只在火山口里待了三个小时，便让上面的人将他拉了上去。

三天后，卡斯蒂略和他的同伴们又返回火山口顶，这一次他们几个人一起下到了火山口里。他们利用一个滑轮系统将一口大锅放入熔岩湖，但大锅刚接触到熔岩就被粘住了；他们费了好大的劲才将大锅拔了出来，只取得了少量的熔岩样本和还在燃烧的火山灰烬。在之后进行的第三次探险中，他们有了经验。在大锅被熔岩粘住之前，快速将其拉出来，获得了一些半熔化的熔岩块。然而，在对这些样本进行分析后，他们感到非常失望，因为那只是一些没有什么价值的黑色石头。

从表面上看，这是人受淘金的诱惑而进行的探险，但今天的火山学家认为，在卡斯蒂略的火山口探险报告中包含有这座火山历史的大量有用信息。

今天的火山学家将卡斯蒂略下到火山口底部，用锅从熔岩湖里获取火山活动样本的做法称为"疯狂的举动"。火山口边缘极不稳定，一旦发生崩塌，飞石、炽热的熔岩块和有毒气体随时可能要了他的命。火山学家指出，与熔岩湖打交道也是非常危险的，扑面而来的酷热烟气可能会灼烧眼睛，如果不戴口罩还可能导致呼吸困难。

卡斯蒂略成为最早的火山学家，尽管他本人并没有意识到这一点。火山学家说，考虑到当时的技术水平，卡斯蒂略下到火山口深处进行的探险活动完全可以与20世纪人类登上月球的壮举相媲美。

# 火山的衍生家族

## 火山岛 〉

火山岛是由海底火山喷发物堆积而成的。在环太平洋地区分布较广，著名的火山岛群有阿留申群岛、夏威夷群岛等。火山岛按其属性分为两种，一种是大洋火山岛，它与大陆地质构造没有联系；另一种是大陆架或大陆坡海域的火山岛，它与大陆地质构造有联系，但又与大陆岛不尽相同，属大陆岛屿大洋岛之间的过渡类型。

## • 火山岛介绍

我国的火山岛较少，总数不过百十个左右，主要分布在台湾岛周围；在渤海海峡、东海陆架边缘和南海陆坡阶地仅有零星分布。台湾海峡中的澎湖列岛（花屿等几个岛屿除外）是以群岛形式存在的火山岛；台湾岛东部陆坡的绿岛、兰屿、龟山岛，北部的彭佳屿、棉花屿、花瓶屿，东海的钓鱼岛等岛屿，渤海海峡的大黑山岛，西沙中的高尖石岛等则都是孤立海中的火山岛。它们都是第四纪火山喷发而成，形成这些火山岛的火山现代都已停止喷发。

火山喷发的熔岩一边堆积增高，一边四溢滚淌，使火山岛形成中呈圆锥形的地形，被称为火山锥。它的顶部为大小、深浅、形状不同的火山口。有许多火山喷发的地方都形成崎岖不平的丘陵。我国的火山岛主要是玄武岩和安山岩火山喷发形成的。玄武岩浆黏度较稀，喷出地表后，四溢流淌，由此形成的火山岛的坡度较缓，面积较大，高度较低，其表面是起伏不大的玄武岩台地，如澎湖列岛。安山岩属中性岩，岩浆黏度较稠，喷出地表后，流动较慢，并随温度降低很快凝固，碎裂的岩块从火山口向四周滚落，形成地势高峻，坡度较陡的火山岛，如绿岛和兰屿。如果火山喷发量大，次数多，时间长，自然火山岛的高度和面积也就增大了。

火山岛形成后，经过漫长的风化剥蚀，岛上岩石破碎并逐步土壤化，因而火山岛上可生长多种动植物。但因成岛时间、面积大小、物质组成和自然条件的差别，火山岛的自然条件也不尽相同。澎湖列岛上土地瘠薄，常年狂风怒号，植被稀少，岛上景色单调。绿岛上地势高峻，气候宜人，树木花草布满山野，景象多姿多彩。

# 火山奇观

## • 火山岛的形成

　　从板块运动论来说：由于板块运动，海底各板块结合处裂谷溢出的熔岩流，以后逐渐向上增高，形成了海底火山。海底火山在喷发中不断向上生长，会露出海面形成火山岛。

　　1796 年，太平洋北部阿留申群岛中间的海底，火山不断喷发，熔岩越积越多，几年后，一个面积 30 平方千米的火山岛就出现在海面上。在距离澳大利亚东岸约 1600 千米的太平洋上，有一个小岛，叫作法尔康岛。1915 年这个小岛突然消失，但是，11 年后它又重新冒出海面。原来这是海底火山喷发和波浪作用造成的。

## • 火山岛的成因

　　海底火山起初只是沿洋底裂谷溢出的熔岩流，以后逐渐向上增高。大部分海底火山喷发的岩浆在到达海面之前就被海水冷却，不再活动了。所以，人们从来没有

36

真正看到过海底火山爆发的景象。至多，只是看到海底的熔岩泉不断冒出新的岩浆形成新的火成岩。美国一个潜水探险队的两个成员，曾经冒着生命危险探索夏威夷群岛火山。在水面下 100 英尺的深度，他们拍摄到了不断从海底火山口流出的熔岩河流，沿着火山的山坡向更深的海底奔腾而下，而周围的海水温度被加热到 100℃以上。如果没有先进的潜水设备，他们根本就不可能靠近海底的岩浆。

> ### 世界最大的火山岛

世界上最大的火山是哪一座？夏威夷岛的活火山莫纳罗亚山赢得了这一殊荣，其海拔高度为 4168.7 米。蓝湖是世界上最大的火山区，200 多座活火山形成了冰岛绚丽的地质聚观，同时也带来无数的温泉和丰富的地热资源。

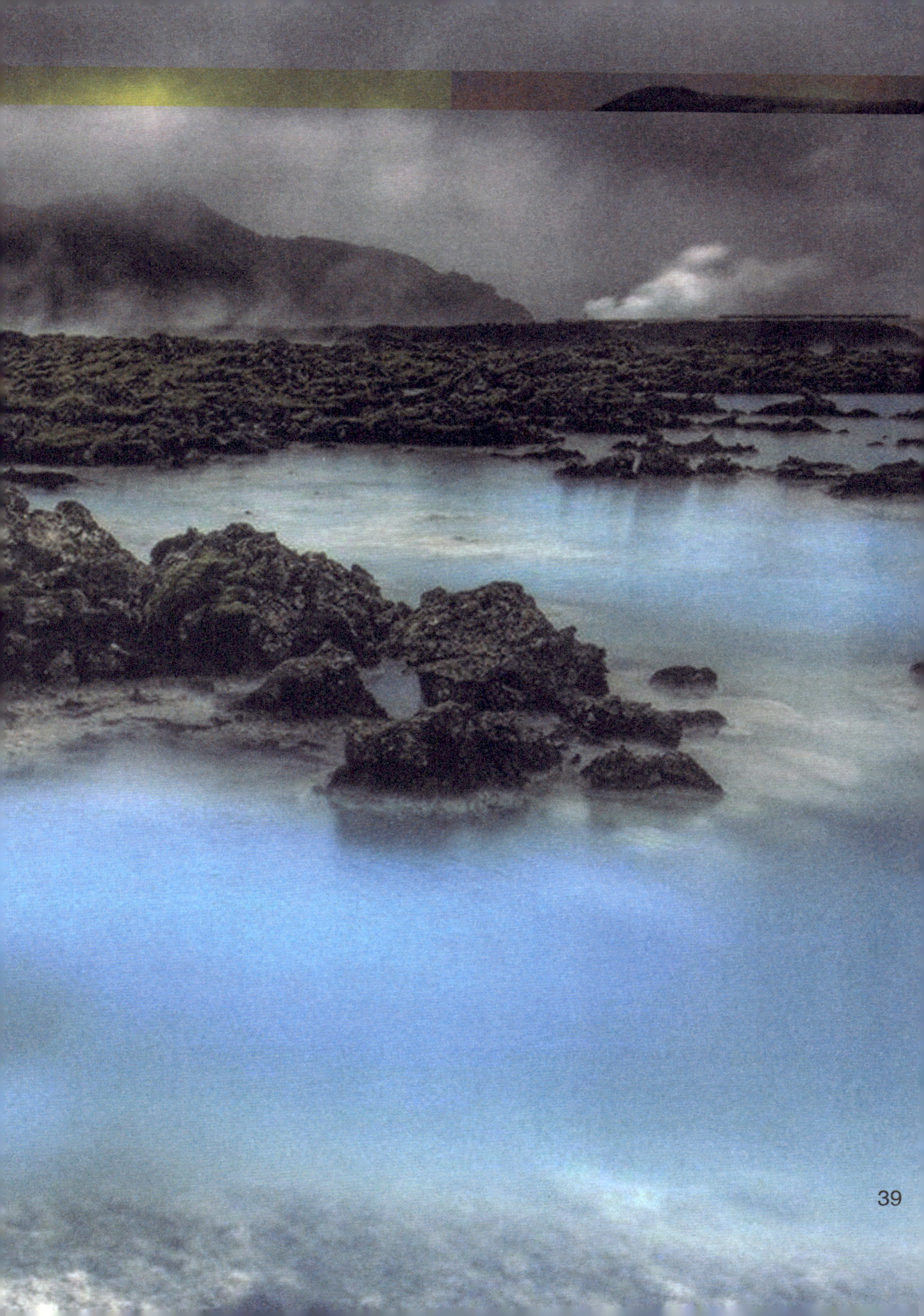

## 火山湖 >

### • 火山湖的成因

　　火山喷发后，喷火口内，因大量浮石被喷出来和挥发性物质的散失，引起颈部塌陷形成漏斗状洼地，即火山口。后来，由于降雨、积雪融化或者地下水使火山口逐渐储存大量的水，从而形成火山湖。包括火山口湖、火口原湖和熔岩堰塞湖。

### • 著名的火山湖长白山天池——中国最深的湖泊

　　长白山是古华夏大陆的一部分。大约在 6 亿年以前，这里是一片汪洋大海。从远古代到中生代，地球经历了加里东、海西、燕山和喜马拉雅造山运动后，海水终于从这片几经沧桑的古陆上退走了。长白山地区的地壳发生了一系列的断裂、抬升，地下流出的玄武岩浆液，沿着地壳裂缝大量喷出地面，于是揭开了长白山火山喷发的序幕。

长白山火山的几次喷发都比较温和，但到了距今大约200万年，长白山火山转为以现在的天池为中心的喷发。火山喷发的总能量虽然减弱了，但由于喷出的岩浆由基性转为酸性，黏稠度加大，当饱和气体的岩浆堵塞火山喷发管道的

时候，巨大的力量冲破阻力，喷发便以爆发式进行，因而变得更加猛烈了。长白山火山有过多次喷发，也有过长时间的间歇。从16世纪开始活动到现在曾分别在1597年8月、1688年4月和1702年4月有过3次喷发。长白山火山喷出的物质堆积在火山口周围，使长白山山体高耸成峰，形成为同心圆状的火山锥体。火山口积水而成一湖，即著名的长白山天池，又叫龙潭、图们泊，是我国最大、最深的火山口湖，也是中朝两国的界湖。天池略呈椭圆形，水面海拔2155米，南北长4850米，东西宽为3350米，池水面积9.82平方千米。平均水深204米，最深373米，总蓄水量21亿立方米，水主要来源于地下水和大气降水。史料记载"天池

水冬无冰"实则不尽然，冬季冰层一般厚1.2米，且结冰期长达六七个月。不过，天池内还有温泉多处，形成几条温泉带，长150米，宽30—40米，水温常保持42℃，隆冬时节热气腾腾，冰消雪化，故有人又将天池叫温凉泊。长白山是一座古老而优美的山体，由于地球内外营力的作用和大自然花费漫长岁月的精工雕塑，使她群峰竞秀，千姿百态。主峰白云峰，耸立在天池西侧，海拔2691米，是我国东北第一高峰，同其他15座海拔在2500米以上的兄弟群峰环绕在天池四周。从这些山峰俯瞰天池，就像一块宝玉镶嵌在雄伟秀丽的长白山群峰之中。

## • 火山堰塞湖

镜泊湖是世界第二火山堰塞湖，中国最大火山堰塞湖。镜泊湖是数万年前火山爆发后锁住牡丹江水而形成的火山堰塞湖。镜泊湖位于黑龙江省牡丹江市南109千米的山岭之中，南北长约47千米，东西最宽处6千米，最窄处不到500米，湖面积为94.3平方千米；平均水深45米，最深处74米；湖面海拔达到350米。镜泊湖是国内最大的高山堰塞湖，亦是仅次于瑞士日内瓦湖的世界第二大火山堰塞湖。它以天然无饰的北

方独特风姿闻名于世，是集旅游、避暑、科研为一体的风景名胜区，备受中外游客赞赏。

## 火山岩 〉

　　火山岩（玄武岩）是火山爆发后形成的多孔形石材，非常珍贵。火山岩含丰富的钠、镁、铝、硅、钙、锰、铁、磷、镍、钴等矿物质，因其表面均匀布满气孔，色泽古色古香，导电系

岩石

数小、无放射性、永不褪色等特性. 具有抗风化、耐高温、吸声降噪、吸水防滑阻热、调节空气湿度, 改善生态环境等功能, 被开发利用为现代建筑外装首选石材。适用于高档建筑的内外墙装饰、酒店、宾馆、别墅、市政道路、广场、住宅小区、园林及各类仿古复古欧式建筑。

岩石熔化时膨胀, 需要更大的空间。世界的某些地区, 山脉在隆起。这些正在上升的山脉下面的压力在变小, 这些山脉下面可能形成一个熔岩 (也叫 "岩浆") 库。这种物质沿着隆起造成的裂痕上升。熔岩库里的压力大于它上面的岩石顶盖的压力时, 便向外迸发成为一座火山。喷发时, 炽热的气体、液体或固体物质突然冒出。这些物质堆积在开口周围, 形成一座锥形山头。"火山口" 是火山锥顶部的洼陷, 开口处通到地表。锥形山是火山形成的产物。火山喷出的物质主要是气体, 但是像渣和灰及大量火山岩和固体物质也喷了出来。实际上, 火山岩是火山喷发出来的岩浆, 当岩浆上升到接近地表的高度时, 它的温度和压力开始下降, 发生了物理和化学变化, 岩浆就变成了火山岩。

44

- **物理性质**

外观形状：无尖粒状，对水流阻力小，不易堵塞，布水布气均匀；表面粗糙，挂膜速度快，反冲洗时微生物膜不易脱落。

多孔性：火山岩是天然蜂窝多孔，是菌胶团最佳的生长环境。

密度：密度适中，反冲洗时容易悬浮且不跑料，可以节能降耗。

- **化学特性**

火山岩由岩浆直接凝固而成。高温的岩浆在从液态冷却中结晶成多种矿物，矿物再紧密结合成火成岩。化学成分各异的岩浆，最后成为矿物成分各异的火成岩，种类繁多，细分有数百种。由于地壳的保温作用，越向地心其温度越高。地核因高压呈固体状态。而地壳之下的高温物质呈液体状态就是岩浆。根据现代火山喷溢而出的熔岩得知，硅酸盐是岩浆的主要成分。其中 $SiO_2$ 的含量在 80%—30% 之间；金属氧化物如 $Ai_2O_3$、$Fe_2O_3$、$FeO$、$MgO$、$CaO$、$Na_2O$ 等占 20%—60%。其他如重金属、有色金属、稀有金属及放射性元素等，它们的总量不超过 5%。此外，岩浆中还含有一些挥发性成分，其中主要是 $H_2O$、$CO_2$、$H_2S$、$F$、$Cl$ 等。根据含硅量的高低分类，有酸性、中性、基性及超基性四大类火山岩。

• 火山岩应用

　　火山岩是石材行业的后起之秀，它之所以慢慢被业内认可是因为其具有得天独厚的自身优势，它的"才能"是其他天然石材所不能比拟的。

　　环保：与其他天然石材相比，火山岩性能优越，除具有普通石材的一般特点外，还具有自身独特风格和特殊功能。拿玄武岩来说，与大理石等石材相比，玄武岩石材的低放射性，使之可以安全用于人类生活居住场所，不会让选用石材作室内装饰的消费者不适应。

　　质地：火山岩石质坚硬，可用以生产出超薄型石板材，经表面精磨后光泽度可达85度以上，色泽光亮纯正，外观典雅庄重，广泛用于各种建筑外墙装饰及市政道路广场、住宅小区的地面铺装，更是各类仿古建筑、欧式建筑、园林建筑的首选石材，深受国内外客户的喜爱和欢迎。

　　时尚：火山岩石材抗风化、耐气候、经久耐用；吸声降噪，有利于改善听觉

环境；古朴自然避免眩光，有益于改善视觉环境；吸水防滑阻热，有益于改善体感环境；独特的"呼吸"功能能够调节空气湿度，改善生态环境。种种独特优点，可以满足当今人们在建筑装修上追求古朴自然、崇尚绿色环保的新时尚。

耐磨蚀：火山岩石铸石管材具有极好的耐磨损、抗腐蚀性能。它可以替代有害的石棉和玻璃制品，替代金属材料，而且不失玻璃、金属等材料的优点。它与金属相比，重量轻、耐腐蚀、寿命长。火山岩石铸石管材寿命可达百年，弹性、韧性均比钢材高出许多。另外，火山岩石铸石棒材塑性高于塑料，其板材强度高于轻金属合金，可承受坦克的辗压，耐腐蚀性也远远高于玻璃。曾有科学家认证了这点。

## 地热 〉

地热是来自地球内部的一种能量资源。地球上火山喷出的熔岩温度高达1200℃—1300℃，天然温泉的温度大多在60℃以上，有的甚至高达100℃—140℃。这说明地球是一个庞大的热库，蕴藏着巨大的热能。这种热量渗出地表，于是就有了地热。地热能是一种清洁能源，是可再生能源，其开发前景十分广阔。

### • 地热形成

地球可以看作平均半径约为6371千米的实心球体。它的构造就像是一个半熟的鸡蛋，主要分为三层。地球的外表相当于蛋壳，这部分叫作"地壳"，它的厚度各处很不均一，由几千米到70千米不等，其中大陆壳较厚，海洋壳较薄。地壳的下面是"中间层"，相当于鸡蛋白，也叫"地幔"，它主要是由熔融状态的岩浆构成，厚度约为2900千米。地壳的内部相当于蛋黄的部分叫做"地核"，地核又分为外地核和内地核。

地球每一层的温度都不相同。从地表以下平均每下降100米，温度就升高3℃，在地热异常区，温度随深度增加得更快。中国华北平原某一个钻井钻到1000米时，温度为46.8℃；钻到2100米时，温度升高到84.5℃。另一钻井，深达5000米，井底温度为180℃。根据各种资料推断，地壳底部和地幔上部的温度约为

HUO SHAN QI GUAN

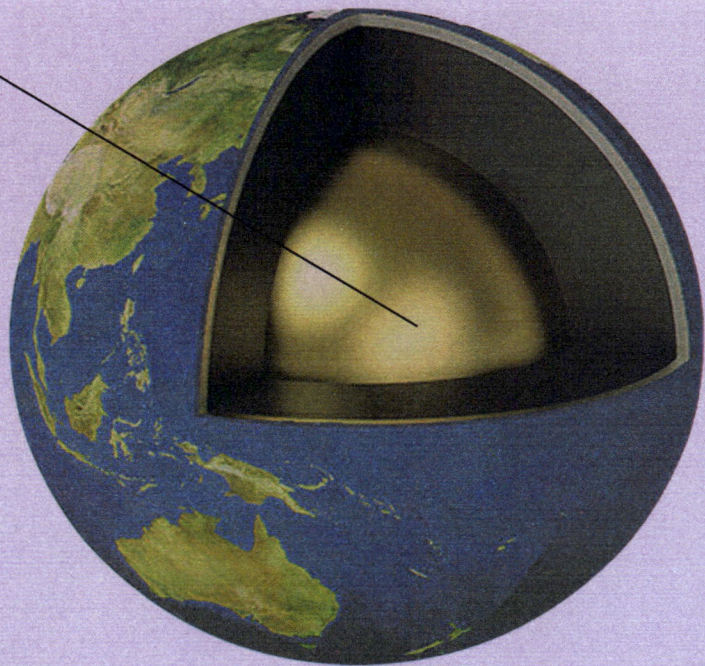

地核

1100 ℃—1300 ℃，地核约为2000℃—5000℃。地壳内部的热量是哪里来的呢？一般认为，是由于地球物质中所含的放射性元素衰变产生的热量。有人估计，在地球的历史中，地球内部由于放射性元素衰变而产生的热量，平均为每年5万亿亿卡（即卡路里）。这是多么巨大的热源啊。1981年8月，在肯尼亚首都内罗毕召开了联合国新能源会议，据会议技术报告介绍，全球地热能的潜在资源相当于现在全球能源消耗总量的45万倍。地下热能的总量约为煤全部燃烧所放出热量的1.7亿倍。丰富的地热资源等待我们去开发。

## • 地热划分

地热一般根据呈现形式和温度高低来进行分类。

### • 呈现形式

地热来源主要是地球内部长寿命放射性元素（主要是铀238、铀235、钍232和钾40等）衰变产生的热能。地热在地球上有不同的呈现形式。按照其储存形式，地热资源可分为蒸汽型、热水型、地压型、干热岩型和熔岩型5大类。

### • 温度高低

在离地球表面5000米深，15℃以上的岩石和液体的总含热量，据推算约为14.5×1025焦耳，约相当于4948万亿吨

49

标准煤的热量。地热资源按温度的高低划分为高中低 3 种类型。中国一般把高于 150℃的称为高温地热，主要用于发电。低于此温度的叫中低温地热，通常直接用于采暖、工农业加温、水产养殖及医疗和洗浴等。截至 1990 年底，世界地热资源开发用于发电的总装机容量为 588 万千瓦，地热水的中低温直接利用约相当于 1137 万千瓦。

### • 西藏地热简介

　　西藏是中国地热活动最强烈的地区，地热蕴藏量居中国首位，各种地热显示几乎遍及全区，有 700 多处，其中可供开发的地热显示区 342 处，绝大部分地表泉水温度超过 80℃，地热资源发电潜力超过 100 万千瓦。在调查过的 169 个热田和水热区中，温度高于 80℃的占 22%，温度介于 60℃—80℃之间的占 28%，温度介于 40℃—60℃之间的占 35%，温度低于 40℃的占 17%。西藏地热总热流量为每秒 55 万千卡。西藏各地蕴藏丰富的地热发电潜力，山南地区 8 万千瓦，日喀则地区 16 万千瓦，那曲地区 2.7 万千瓦，阿里地区 9.2 万千瓦，拉萨地区 4.7 万千瓦，昌都地区 0.75 万千瓦，总发电潜力 40 多万千瓦。20 世纪 60 年代，中国开始对青藏高原地热资源进行研究与开发。西藏地热资源发电总量占拉萨电网的 30% 左右，除发电外，在住房取暖、蔬菜温室、医疗、洗浴等方面都有广泛的应用。

西藏中高温地热资源主要分布在藏南、藏西和藏北，西藏最著名的羊八井地热田是中国最大的高温湿蒸汽热田。地热显示主要有温泉、沸泉、间歇喷泉、热水河和放热地面等，其特点是：①温度高。西藏超过沸点的地热显示点已发现 36 处。②类型多。西藏地热有水热爆炸，例如羊八井热水塘；间歇喷泉，如昂仁县切热乡搭格架间歇泉是中国已发现的最大间歇温泉；高原沸泉，分布在冈底斯山一带，如萨嘎县达吉岭乡如角藏布一支流；沸泥泉，措美县布雄朗古和萨迦县卡乌泉塘；地热蒸汽，分布在冈底斯山及念青唐古山南麓一带。③分布广。西藏境内各县均发现有地热显示点，比较集中的分布地区是藏东"三江"地区、阿里地区和雅鲁藏布江谷地。④放热强度大。西藏地热放热强度位居中国首位，有些地热显示区的天然热流量达到 107—108 卡 / 秒。⑤矿化度复杂。

## • 世界著名的地热田

拉德瑞罗地热田：世界地热发电的先驱

拉德瑞罗地热田位于意大利罗马西北面约 180 千米处，开发面积大约 100 平方千米。该地热田由 8 个地热区组成。拉德瑞罗地热田储集层内蒸汽的最高温度为 310℃。拉德瑞罗地热电厂的总装机容量为 38.06 万千瓦，名列世界第四。

盖瑟斯地热田：全球地热田之冠

盖瑟斯地热田是目前所知世界最大的地热田，位于美国加州旧金山北面约120千米处，面积超过140平方千米，储集层蒸汽温度最高达280℃。1988年，该地热田电厂的总装机容量达到204.3万千瓦，真正称得上世界第一。

怀拉基地热田：新西兰的地热之星

怀拉基地热田位于新西兰北岛中部陶波湖的东北侧。它是世界上第一个成功开发的大型热水田，利用热水发电的方法和经验从这里开始。该地热田热水温度最高达到265℃。

菲律宾地热田：地热田中的后来居上者

菲律宾目前共有地热田和地热区30处，其中已发电者4处，具有开发潜力的6处，正在钻探和开发的9处，其余11处仍在进行地面研究。1995年菲律宾地热发电的总装机容量达到122.7万千瓦，21世纪以来，更是接近200万千瓦，仅次于美国，居世界第二。

冰岛地热田：大西洋中脊上的地热奇苑

冰岛已知高温地热田和地热区共 21 处，全部分布在新火山活动带（距今 70 万年以内）之内，其中勘探与开发较多的地区大部分集中在冰岛西南、首都雷克雅未克的附近，以及东北的克拉夫和诺马夫雅克；雷克雅未克附近已开发的地热田包括雷克雅未克市区范围内以及市区东北约 15 千米的雷克低温热水田、斯瓦勤格高温热水田，以及尼斯雅维勒和魁瓦歌帝高温热水田。前两者所产 630℃—128℃的热水全部供首都地区 13 万居民的生活用水和房屋供暖之用，后两者所产高温热水（260℃–380℃）除一部分准备将来供应首都地区供暖外，其余用于发电。

# ● 火山之最

## 全球最大的火山 ＞

冒纳罗亚火山位于夏威夷群岛的中部，海拔4170米，从海底算起高9300余米。其山顶常有白云缭绕，忽隐忽现。岛北冒纳凯亚山海拔4205米，是夏威夷的最高峰。世界最高的天文台就设在此山的顶峰。

冒纳罗亚火山是一座活火山，在过去的200年间，约喷发过35次。至今山顶上还留有好几个锅状火山口和宽达2700米的大型破火山口。1959年11月，冒纳罗亚火山再次爆发，当时沸腾的熔岩冒着气泡从一个长达1.54千米的缺口处喷射出来，持续时间达一个月之久，岩浆喷出的最高度超过了纽约的帝国大厦。1984

年3月，冒纳罗亚火山又一次爆发，举世罕见的壮丽景色吸引了来自世界各地的游客。冒纳罗亚是夏威夷海岛上的一个活跃盾状火山，是形成夏威夷的五个火山当中的一个。虽然它峰顶比相邻的冒纳凯亚火山要低36米，但夏威夷人仍然把它命名为"MaunaLoa"，意为"长山"。估计它的容量大约为7.5万立方千米（1.8万立方英里）。从冒纳罗亚火山喷发出的熔岩流动性非常高，这导致该火山的坡度十分小。

冒纳罗亚火山喷发了至少70万年，约在40万年前露出海平面，但当地已知最古老的岩石年龄不超过20万年。海岛之下其中一个热点的岩浆在过去千万年来形成了夏威夷岛链。随着太平洋板块的缓慢漂泊，冒纳罗亚火山最终被带离热点，并将在50到100万年后停止喷发。

55

## 全球著名火山

日本富士山位于日本梨县东南部与静冈县交界处，海拔 3776 米，是日本第一高峰。山峰高耸入云，山巅白雪皑皑。它是日本人的骄傲和象征。

斯德朗博利火山位于意大利西西里风神岛，经常喷发，每小时准时喷发 2—3 次，已经持续了 2000 多年，从古代起就被称为"地中海的灯塔"。

圣海伦斯火山位于美国的华盛顿州，在 1980 年喷发之前山顶布满积雪，被称为"美国的富士山"。

雷尼尔山，美国最高的火山，常年被冰雪覆盖，是美国著名的旅游胜地。位于华盛顿州。

马荣火山位于菲律宾首都马尼拉东东南约 300 千米处，是菲律宾最高的活火山。

埃特纳火山位于意大利的西西里岛，是一座著名的活火山，有记录以来共爆发 200 多次。

科多帕西火山位于厄瓜多尔境内，海拔 5897 米，是世界上最高的活火山。

比亚利卡火山位于智利普孔小镇的比亚利卡湖畔，银装素裹，风景秀美。

桑托林火山位于希腊爱琴海的桑托林岛上。20 世纪中有过 3 次小规模的喷发。大约在公元前 1645 年有过一次非常猛烈的喷发。

## 全球著名活火山 〉

### • 基拉韦厄火山

基拉韦厄火山位于美国夏威夷岛东南部。基拉韦厄火山是世界上活动力旺盛的活火山,至今仍经常喷发。山顶有一个巨大的破火山口,直径4027米,深130余米,其中包含许多火山口。整个火山口好像是一个大锅,大锅中又套着许多小锅(火山口)。在破火山口的西南角有个翻腾着炽热熔岩的火山口,直径约1000米,深约400米,其中的熔岩有时向上喷射,形成喷泉,有时溢出火山口外,形如瀑布,当地土著人称它为"哈里摩摩"(焰之家)。

这里曾长期存在着一个世上最大的岩浆湖,面积广达10万平方米,通红炽热的岩浆一般有十几米深,在湖中翻滚嘶鸣,仿佛一炉沸腾的钢水。在湖的边缘部分,经常产生暗红色的桔皮,它们堆积起来就像一捆捆绳子,桔皮有时破裂后再倾倒沉入白热的岩浆中去。湖面上还不时出现高几米的岩浆喷泉,喷溅着五彩缤纷的火花。这种种惊心动魄的景象,称得上是大自然中的奇观。

1960年基拉韦厄火山大爆发时，熔岩流从高处奔腾下泻，涌入大海，在海边填造了一块约2平方千米的新陆地。2002年7月29日，滚滚岩浆从基拉韦厄火山喷涌而出，流入大海，水火交融，形成壮观的景象。2002年8月17日，该火山喷出的火红岩浆滚滚涌向海边，好似一条岩浆火龙。

20多年来，基拉韦厄火山持续不断涌出的大量岩浆已经在夏威夷岛东南形成几个新的黑沙滩并使岛的面积不断扩大。

## • 拉基火山

冰岛南部火山裂缝火山，紧靠冰岛最大的冰原瓦特纳冰原西南端。拉基山是火山裂缝喷发过程中形成的唯一显著地形特征，现称之为拉基环形山。该裂缝为东北—西南走向，拉基山把它截为接近相等的两部分。拉基山海拔818千米，高出附近地带200公尺。拉基山并未被裂缝完全绽开。在山坡上裂缝之间只有若干极小的流出少量岩浆的火山口。火山喷发于1783年6月8日开始，至7月29日只剩拉基山西南面裂缝还在活

动。同日，东北面裂缝开始喷发，其后的喷发几乎全在裂缝的这半边。喷发一直持续至 1784 年 2 月初，被认为是有史以来地球上最大的熔岩喷发。普遍认为岩浆喷发量约为 12.3 立方千米，覆盖面积约达 565 平方千米。

大量的火山气体造成欧洲大陆大部分地区上空烟雾弥漫，甚至波及到叙利亚、西伯利亚西部的阿尔泰山区及北非。释放出的大量硫磺气体妨碍了冰岛的作物和草木生长，造成大部分家畜死亡。因烟雾造成的饥荒最后导致冰岛 1/5 居民丧生。

## • 维苏威火山

维苏威火山是全世界最著名的火山之一，位于坎帕尼亚平原的那不勒斯湾畔。于1944年喷发后形成。200万多人居住在维苏威火山地区及山坡低处。沿那不勒斯湾海岸有工业城镇分布，山麓北部为小型农业中心。

经过几个世纪静止后发生一系列地震，持续6个月且强度逐渐增加，1631年12月16日发生大喷发。山坡上很多村庄被毁，约3000人死亡；熔岩流抵海边，天空昏暗达数日之久。1631年后火山喷发特征发生变化，火山活动持续不断。可以观察到火山活动分两期：静止期与喷发期。静止期火山口封闭，喷发期火山口几乎持续张开。山麓遍布葡萄园和果园，此地产的葡萄酒叫"基督眼泪酒"；古代庞贝的酒坛上多有"维苏威"的字样。山上

高处遍布栎树和栗树杂木林。北坡树林沿索马山坡一直长到山顶。西侧长着栗树丛，海拔 600 米以上则是遍布金雀花类植物的起伏不平的高原，公元 79 年发生的大爆发留下的火山口已经填平。再往高处，大火山锥的斜坡上及索马山的内侧山坡上几乎是不毛之地，在火山静止期长着一簇簇草地植物。在 1.2 万年中不时喷发，火山口总是缭绕着缕缕上升的烟雾，散发的热量足以点燃一张纸。山脚下遍布着果园和葡萄园，而火山上的坡则显得荒凉和险恶。20 世纪维苏威火山已发生了 6 次大规模的喷发。

维苏威火山最著名的一次喷发发生在

## • 圣海伦斯火山

圣海伦斯火山位于美国西北部华盛顿州，喀斯喀特山北段。海拔 2950 米（1983年）。休眠 123 年后于 1980 年 3 月 27 日突然复活，5 月 18 日的喷发最为剧烈，烟云冲向 2 万米高空，火山灰随气流扩散至 4000 千米以外，撒落在距火山 800 千米处的也有 1.8 厘米厚。火山附近河流被堵塞、改道，许多道路被埋没。熔岩流引起森林大火，周围几十千米内生物绝迹。由于山地冰雪大量融化，形成汹涌的急流，加之上升气流中的大量水汽在高空凝结，暴雨成灾，使冲刷下的火山灰形成泥浆洪流，从山上倾泻而下，严重破坏了沿途的农田、森林及一切设施。火山喷发后，附近地形发生显著变化，原来的火山锥顶部崩坍，形成一个长 3 千米、宽 1.5 千米、深 125 米的新火山口。这次火山喷发造成 60 多人死亡，390 平方千米土地变成不毛之地，损失巨大，是美国历史上，也是 20 世纪以来地球上规模最大的火山爆发之一。近年来，它仍有活动。

在 1980 年的喷发前，圣海伦斯火山因形状匀称，山顶布满积雪，很像日本的富士山，故被称为"美国的富士山"，吸引了众多旅游者。1980 年的喷发标志着这座火山从 1857 年沉睡 123 年后再次苏醒。从此后发生了意想不到的变化。

由于火山喷发前较长时间的地震活动和蒸汽喷发，火山应急工作得当，并做出

公元 79 年，当时赫库兰尼姆和庞贝两镇被毁灭。火山喷出黑色的烟云，炽热的火山灰石雨点般落下，有毒气体涌入空气中。庞贝城只有四分之一的居民幸免于难，其余的不是被火山灰掩埋，就是被浓烟窒息，或者被倒塌的建筑物压死。

了较好的预测，圣海伦斯火山的爆发没有造成更大的人员伤亡。圣海伦斯火山的休眠期比活跃期长得多，圣海伦斯火山喷发的经验告诉我们，不要对貌似死亡的活火山掉以轻心。

## • 埃特纳火山

埃特纳火山是意大利西西里岛东岸活火山。其名来自希腊语 Atine（aithn，意为"我燃烧了"）。为欧洲最高活火山。海拔 3200 米，和其他活火山一样，其高度各个时期变化不同，如 1865 年比 20 世纪末要高 52 米。面积 1600 千米。基座周长约 150 千米。

最猛烈的喷发是 1669 年，持续 4 个月之久，喷出熔岩约达 7.8 亿立方米。破坏十分严重，卡塔尼亚等附近城市 2 万人丧生。1981 年 3 月 17 日的喷发，是近几十年来最猛烈的一次，掩埋了数十公顷树林和许多葡萄园，数百间房屋被毁。山坡植被分布：最低带，布满果树种植园；中间带，多山毛榉、栎树和松树；最高带，有稀疏分散的灌木和藻类。山上有纪念罗马皇帝登山的古迹。

## • 桑盖火山

桑盖国家公园位于厄瓜多尔中部莫罗纳——圣地亚哥、钦博拉索和通古拉瓦三省交界处。地处赤道附近，面积 2720 平方千米。园内有著名的世界上活动持续时间最长的活火山——桑盖火山。海拔 5410 米的桑盖火山山顶白雪皑皑，山势险峻，从山顶到山麓近 4000 米的海拔高度差使这里形成了厄瓜多尔所独有的景观。整个公园因为地处赤道附近，阳光照射充足，各处的海拔高度也不同，因而呈现出不同的生态景象，生活着许多珍稀的动植物。

## 太阳系火山

金星的表面有 90% 是玄武岩，地表有 80% 为火山地形，表示在金星表面形成的过程中，火山扮演了非常重要的角色。金星可能在 5 亿年前有过全星球的表面再造运动，科学家发现的证据包括表面陨石坑的密度等。熔岩流在金星可说是非常普遍，而且各种不在地球上出现的火山作用也在金星上出现。金星大气层组成的变化及闪电的发生，被认为是因进行中的火山喷发造成。但目前没有任何的确切证据能说明金星的火山是否仍然活跃。

火星上有一些死火山，即奥林匹斯火山，包括 4 座巨大的盾状火山，比地球上任何一座山都来的巨大。这些山包括了：阿尔西亚山、阿斯克拉厄斯山、海卡特斯山、奥林帕斯火山及帕蒙尼斯山。美国太空总署、欧洲太空总署及意大利太空总署合作发射了火星探测太空船"火星快递"号。这个计划的主要目标是要寻找地下水源和适合登陆的地点，并研究火星的大气层、行星结构和地质构造。这个计划发现了一些证据，显示奥林帕斯火山可能尚未完全熄灭。这可能推翻"这些火山早在数百万年前就已成为死火山"的说法。

　　木星的卫星木卫一埃欧是太阳系中火山活动最剧烈的星体，原因是来自它与木星、木卫二及木卫三的潮汐力作用，这个力量使其扭动、弯曲，幅度约100米，并在这个过程中产生能量。埃欧的火山会喷出硫磺、二氧化硫及矽酸盐岩石，使得整个卫星的地貌完全改变。埃欧的表面有大量的破火山口、硫湖、连绵不绝的火山山脉。埃欧的火山所喷出的岩浆是目前已知最热的，温度约为1800 K（1500℃）。木卫一火山的喷发物可以射至极高处，离表面可达300千米以上，在喷发出的一刻，其速度可达每秒1千米。在2001年2月，太阳系中有史以来最大的火山活动在埃欧发生。来自圣路易大学及华盛顿大学的研究人员对木卫一上的火山喷发进行电脑模拟实验。实验结果显示，木卫一的火山所喷出的熔岩能将其表面的钠、钾、矽及铁等物质及化合物熔化、蒸发到大气中。这些气态物质与火山喷出的气体（含亚硫化物及氯化物）发生反应，形成了木卫一大气独

特的组成成份：钠的氯化物、钾的氯化物及镁和铁的二氯化物。木星的另一颗卫星，欧罗巴（木星的 4 颗伽利略卫星中最小者），也被认为拥有活跃的火山系统。但是它的火山"熔岩"组成完全是水，并且在欧罗巴寒冷的表面结冰。这使它火山喷发时看起来就像是一个冻结的喷泉。这种型态的火山现在被称作冰火山，是类木行星的卫星上最常见的火山喷发形式。冰火山的喷出物可能由水、冰、液态氮及液态甲烷组成。1998 年，"航海家" 2 号太空船发现了海王星其中一个卫星，崔顿上的冰火山。在 2005 年，"卡西尼—惠更斯"号探测器拍摄到了土星的其中一颗卫星，土卫二上的水蒸气喷发。"卡西尼—惠更斯"号也发现了土卫六上一座冰火山喷出液态甲烷的证据。这被认为是造成土卫六大气层中高甲烷含量的原因。科学家推论，柯伊伯带天体中的小行星可能也有冰火山活动。

## 南极大陆有两座活火山 ＞

南极大陆共有两座活火山，那就是欺骗岛上的欺骗岛火山和罗斯岛上的埃里伯斯火山。欺骗岛火山在1969年2月曾经喷发过，使设在那里的科学考察站顷刻间化为灰烬。

"欺骗岛"在南极洲东北的南设得兰群岛上，据说，上世纪初的一天，南极海域大雾弥漫，几个捕鱼人偶然发现雾中有个岛，可海水一涨，这个岛又不见了，"欺骗岛"的名字由此而来。

"欺骗岛"其实是一片黑色火山岩形成的小岛。据考证，在远古冰川纪时期，南极海底火山喷发，火山口塌陷，形成了这个天然港湾。1918年，英国水兵发现并占领了"欺骗岛"后，在此大肆捕鲸，炼制鲸油，当年英国人留下的木牌上写着，到1931年，英国人在此炼制了360万桶鲸油。

如今，炼制鲸油厂只剩下了废墟，欺骗岛也成为了极地旅游的好地方，你可以在火山岩形成的海滩上挖出的温泉中游泳。尽管来这里旅游的人不少，但是无论在海滩还是陆地上，都找不到任何丢弃物。那里是有实物记载的，人类最早开拓南极的地方。

埃里伯斯火山，南极洲上的一座活火山。在罗斯海西南的罗斯岛上，即南纬77° 35′、东经167° 10′处。海拔3794米。1900年和1902年都曾有过火山活动，喷火口广约800米，深300米，四壁甚陡。火山口内外都有随时活动的喷气孔。另有两个熄灭的喷火口，硫磺储量大。

# ● 超级火山

超级火山是指能够引发极大规模爆发的火山。虽然对于爆发规模没有严谨的界定，但极大规模爆发都是指可以造成瞬间改变地形、瞬间改变全球天气及全球性的生命灾难的爆发。名字是英国广播公司的著名科学节目Horizon在2000年提及各类型爆发规模时，节目监制所创作出来的。

## 超级火山简介 ⟩

超级火山与普通火山的形成不同，普通火山的地貌特征通常呈圆锥形，很容易辨认，但是超级火山是从巨大的峡谷中喷发出来的，火山口直径甚至可达数百千米，如印尼苏门答腊岛北部的多巴湖原来就是超级火山喷发后形成的火山湖。发现、鉴别火山的方法有很多，如果你能够在不同的地点找到火山，那自然是发现了一座新火山。但是还有别的方法。比如通过鉴别火山灰的成分来辨识、定位火山，或者通过冰层与海洋的信息来推测附近是否有火山喷发过，再进

行实地勘察也行。而超级火山的喷发，可以将火山灰喷洒到方圆6400千米的范围内，火山灰中的含硫物质散布于空中，经过物理化学变化形成高浓度硫酸，可以导致大气中含有2000兆至4000兆吨硫酸，大致相当于目前全球每年所有工业含硫物质排放总量的25倍多，还可以使海水温度骤降6摄氏度左右，破坏力极其可怕。

## 世界最大的超级火山—黄石火山 >

黄石国家公园是美国最大、最著名和建立最早的国家公园，始建于1872年。公园面积9000平方千米，大部分是开阔的火成岩高原地形。公园内部地质构造复杂，曾发生过强烈的火山活动，地面大面积覆盖着熔岩，地壳至今仍不稳定。公园中温泉和热泉随处可见，每年吸引了大批游客到此观光。

由于黄石国家公园火山活动比较频繁，因此这里也吸引了火山学家的关注，他们很早就发现了公园内火山口的一个奇怪现象，但是直到最近，才做出了科学的解释。

71

# 火山奇观

## • 环形山谷之谜

在黄石地区还没有建立公园时，火山学家就在这里发现了大量的环行山谷。这些山谷直径约 30 千米至 60 千米，深几千米，很像破火山口的形状。处于火山口下方的熔融的岩浆房（地下储存岩浆的空间）排空后，上方的地面塌陷下去，就形成了破火山口。如此多的环行山谷，似乎表明这里经常有小型的火山喷发，每一次形成一个这样的山谷。

然而，早期的研究者发现，这些山谷坐落在地球上规模最大的火山岩沉积的附近，而且火山熔岩是一次单独的火山喷发事件形成的。从熔岩的体积估算，他们眼前的火山喷出物比人们熟悉的 1980 年圣海伦斯火山喷发后形成的火山岩还要大几百甚至几千倍！通过估算喷发物质的体积，研究者发现，火山之下的岩浆房一定也是超级庞大的。但是，一次如此猛烈的超级喷发，应该形成一个超级巨大的火山口。为何这里却形成了许多小型的环行山谷呢？据香港《文汇报》报道，美国黄石国家公园是一座沉睡了 64 万年的超级火山，近年以破纪录速度隆起，恐怕会发生史上第 4 次爆发。若真的爆发，厚达 30 厘米的火山灰将笼罩 1600 平方千米的区域，届时美国将有 2/3 地区无法居住，航空交通瘫痪，数百万计居民无家可归，植物也可能消失殆尽。

## • 超级火山现身

答案要到地下去寻找。众所周知，地幔厚达 2900 千米，被熔融的外地核和相对很薄的外层地壳夹在中间。火山学家发现，在黄石地表之下，有从地幔向上涌的黏性岩石的漂浮羽状物即地幔上羽柱，北美板块正在它的上面移动。上羽柱如同一只巨大的酒精灯，这一所谓的热点熔化了覆盖在上面的大量的地壳岩石，产生的岩浆则聚集在地下的岩浆房中。

在上面岩石的巨大重压下，随着时间的推移，岩浆房里逐渐聚集了更多的岩浆，压力由此产生了。当受压的岩浆托顶上面的地壳，使地壳破裂，产生垂直延伸到地面的裂隙时，一次超级喷发就诞生了。一股股的岩浆沿着新出现的裂隙喷涌而出，最终形成一个环形的喷发口群。当这些喷发口彼此合并时，环状中心巨大的地块柱失去了支撑。这个坚固的岩石"屋顶"坠下，要么整块掉下去，要么碎裂成许多大石块落下，填入下面岩浆留出的空位。就像四周墙壁倒塌的房屋屋顶下坠一样，这种坍塌使环状边缘有更多的岩浆和气体猛烈地释放出来，从而形成了大量的环行山谷。

环行山谷的问题解决了，科学家的心中又涌起了一个新的问题。在过去的 1600

73

万年中，在黄石地区发生了多次超级喷发，这种超级喷发的规模远远大于目前世界上的火山喷发规模。美国的圣海伦斯火山喷发是现代人经历的少数几次大规模火山活动，形成的火山岩体积还不到 0.5 立方千米。而远古时形成环行山谷的喷发规模大到难以想象。类似美国黄石国家公园级别的火山喷发地，在过去的 200 万年间全球只有 4 处：美国怀俄明州黄石国家公园、加利福尼亚州长谷，印度尼西亚苏门答腊岛多巴以及新西兰陶波。每次喷发都至少喷出了 750 立方千米的固体物质，今天世界上的大规模火山喷发和远古的超级喷发相比，实在是不值一提。

有超级喷发，就意味着有超级火山。几乎所有的火山专家都同意，如果今天的地球上发生一次这样的喷发，人类将难以承受这样的打击，从天而降的酸雨就会让农业崩溃。

## • 火山的威力

　　我们做个比较即可。当代美国人经历过的最大的火山喷发是位于华盛顿州的圣海伦斯火山喷发（1980 年 5 月），当时有 70 亿吨岩石被冲出，所产生的碎屑足以将曼哈顿埋在地下达 16.5 米之深。这次火山爆发的威力相当于 500 颗广岛原子弹的威力，被摧毁的森林面积是华盛顿特区的 3 倍，火山灰喷到了 2.4 万米的高空。然而，超级火山的喷发规模更大，竟然可以达到圣海伦斯火山的 1000 倍。就拿黄石公园的超级火山来说，据科学家研究，210 万年前，黄石公园发生了第一次超级火山爆发，喷出的火山灰遍布 16 州区域，130 万年前又发生了一次超级火山爆发，然后在 64 万年前再度重演。一次次巨大的火山爆发，尤其是最后一次爆发，从火山口中喷发出来的物质将这里大约 9000 平方千米的区域全部覆盖，厚度超过 1500 米，形成现在海拔 2000 多米的熔岩高原。

> ## 世界十大超级火山

1. 多巴超级火山（位于印度尼西亚苏门答腊岛）北纬 2 度 34 分、东经 98 度 49 分

2. 黄石超级火山（位于美国黄石公园正下方）北纬 44 度 26 分、西经 110 度 27 分

3. 长谷超级火山（位于美国加利福尼亚东部中心长谷河谷）北纬 36 度 53 分、西经 117 度 27 分

4. 陶波超级火山（位于新西兰）南纬 38 度 48 分、东经 175 度 53 分

5. 瓦勒斯超级火山（位于美国新墨西哥州）北纬 35 度 57 分、西经 106 度 26 分

6. 爱拉超级火山（位于日本南部的鹿儿岛）

7. 特纳普超级火山（位于西伯利亚地区）

8. 坎皮佛莱格瑞超级火山（位于意大利那不勒斯）

9. 乌图伦古超级火山（位于玻利维亚）

10. 拉谢尔超级火山（位于德国拉谢尔湖）

## "超级火山"的喷发之谜 >

- 乌图伦古火山——毁灭地球物种的"绝望冬季"

长期以来，位于南美洲玻利维亚的超级火山——乌图伦古在世界火山地图上都只是"挂个名"，它的详细情况由于种种原因并未被外界知晓。然而就在2001年，随着英国能源公司地质专家的进驻，对乌图伦古火山的调查也逐渐深入。

2011年10月，英国能源公司向媒体"爆料"：经过长达10年的周密监测，乌图伦古火山已进入活跃期，地下岩浆池正急速膨胀，逐渐逼近爆发临界点。此外，地质学家还对乌图伦古火山的爆发作了计算机模拟，结果竟是"自恐龙灭绝以来地球的最大灾难"，消息一出，举世震惊，玻利维亚这个南美小国顿时成为世界舆论关注的焦点。

乌图伦古火山究竟会不会在近期爆发？爆发的真实后果又将是什么？调查仍在继续……

从世界超级火山的谱系上看，乌图伦古并不出名，这一方面是由于它地处玻利维亚西南荒漠地区，历来人迹罕至；其次是它已30万年未曾喷发，地表火山活动也不剧烈，很难让人将它与超级火山联系起来。而乌图伦古火山进入科学家视线的时间也很晚，2001年初，玻利维亚政府委托英国能源公司对国内的锂矿资源进行勘测，同时也对乌图伦古火山作一下危险性评估，为后续的矿藏开发做准备。可令

HUO SHAN QI GUAN

人万万没想到，就这类似"搂草打兔子"的简单勘测竟引出了一个惊天新闻。

据英国能源公司的勘测结果，乌图伦古火山口下有一个巨大的"岩浆池"，已经不间断囤积了30万年，里面容纳了多少熔岩现在很难估计，唯一能观测到的就是"岩浆池"在迅速扩大、隆起，2001到2011的10年间体积竟突然膨胀了17%。在向《每日邮报》发布消息前，地质专家们也用电脑模拟过乌图伦古火山的喷发场景，结果让每一个人瞠目结舌：如果火山全面喷发，地球将面临自恐龙灭绝以来的最大灾难，那时，不光玻利维亚人的"发财梦"会被火山摧毁，喷涌的火山灰和硫化氢气体将达到大气平流层，并随着大气环流蔓延全球——它们仿佛一个罩子把地球牢牢地罩住，阳光无法穿透，气温急剧下降，毁灭地球物种的"绝望冬季"因此到来。

当时火山喷发威力巨大，烟柱、火焰高达数十千米，直冲天际。火山灰弥漫在大气层中，足足过了一代人的时间才慢慢消散。

在新西兰陶波火山真正喷发之前，或许没有人会预见它的威力。这座南太平洋地区最大的超级火山曾在1900多年前毁灭了新西兰北岛，而那次喷发也仅仅是它的"一声咳嗽"。

从上世纪50年代开始，陶波火山进入了新一轮的活跃期，尽管几十年来陶波火山越来越不正常，但人们始终不愿意面对这种潜在的巨大危险，欢声笑语、歌舞升平，生活依然照旧。然而，当一些变化实在无法回避时，人们终于开始寻求帮助——2010年末，澳大利亚火山专家雷·卡斯应邀来到陶波，开始协助新西兰政府对陶波火山进行监测。雷·卡斯是位谨慎的科学家，从不在媒体面前透露过多信息，但尽管如此，我们仍能从他那里嗅到一丝危险的味道。

火山威胁与变异的红鲑鱼

公元100年前后，陶波火山喷发。尽管此次的喷发规模较小，但也倾泻出了330亿吨火山浮石，以火山喷发口为中心，方圆16000平方千米的范围被火山灰覆盖，厚度竟达200米。而这次喷发也造就了目前世界上最大的火山湖泊——陶波湖。

陶波湖面积超过600平方千米，湖面辽阔一望无际，从远处眺望，湖水、天空与岸上的森林仿佛融为一体，景色细腻而动人。最早看上陶波湖这块宝地的是当地土著毛利人，他们大约在公元1000年左右迁居此地，在湖畔渔猎为生。虽然日子过得

悠闲安逸，但毛利人对陶波湖的来历了如指掌——他们的先辈曾目睹了公元 100 年前后的那次大爆发，毛利人没有文字，但他们对陶波湖、陶波火山的畏惧却一代代口耳相传了下来。

2010 年 6 月，互联网上爆出一条消息，说是陶波湖红鲑鱼的体态正发生突变，鱼鳍颜色变深、鱼眼大量充血、产卵期紊乱等等，这是陶波湖水质变化引起的——湖水酸性在不断增强。红鲑鱼是当地特产，主要生活在陶波湖沿岸的较浅水域中。红鲑鱼形态漂亮，肉质鲜美，被新西兰人誉为"国家的骄傲"。红鲑鱼是非常脆弱的物种，对水质酸碱度要求极高，即使是细微的变化都将对它们产生很大影响。

发现红鲑鱼"出问题"后，新西兰渔业部门迅速采取行动，他们检测了湖水水样，结果则令人震惊，仅在一个检测周期内（45 天），陶波湖湖水的酸性就增强了万分之零点三（相当于在湖中倾倒了 1500 吨强酸）。随后，湖水"变酸"的原因也被找到——大量酸性气体正从陶波湖湖底溢出，它们溶解于水中增强了湖水的酸性，从而影响了红鲑鱼的生存环境。"众所周知，酸性气体，如硫化氢的外溢是火山喷发的前兆，陶波火山进入了新一轮的活跃期，这点毫无疑问……我目前的任务就是搜集火山活动的数据，希望能对它的未来作出预测。"面对媒体，雷·卡斯的措辞非常谨慎。

### • 加州长谷火山——美国"最不能喷发"的火山

人们在位于长谷中心的"猛犸象山"下发现了采金队的宿营地，眼前的景象立刻震惊了在场的每一个人——采金队74人已全部死亡。

1954年夏季，长谷河谷中的松树林陆续枯萎死亡，一个月内竟超过了3万公顷，罪魁祸首究竟是谁？

当喷发物持续上升，在大气环流裹挟下，纷纷扬扬的火山灰将飘到日本、中国，甚至中亚和欧洲。

如果不是翻阅地图，可能没人会相信，超级火山"长谷"竟与美国西海岸第一大城市洛杉矶比邻而居，两者之间的直线距离不足400千米。

许多美国火山专家都曾预测，长谷火山一旦全面喷发，它的喷发物将覆盖美国西海岸，甚至还能随大气环流漂洋过海，撒向日本、中国和整个欧洲。在清楚了长谷火山的威力之后，人们都为当年洛杉矶、圣迭戈、旧金山等城市的选址追悔莫及，它们将在火山喷发中首当其冲。那时，城市里的上千万人口将有怎样的命运？

因此，长谷火山被认为是美国"最不能喷发"的火山，从发现至今一直受到最严密的监测。

由于二氧化硫的比重比空气大，逸出土层后就会像水流一样往地势较低处汇集，形成一个个"死亡陷阱"，人或动物一

旦误入其中，很快就会窒息而亡——这就给当年采金队的离奇死亡提供了合理解释。可是1954年时如此巨量，导致大片森林死亡的氢气、二氧化硫从何而来？答案只有一个：它们来自地层深处。当地底火山运动，岩浆不断向上突涌、冷却时，自身携带的气体就会散逸出来，火山专家把这种现象形象地比喻为"火山打嗝"。由此看来，长谷河谷地下必定潜伏着一座火山，它深藏不露却威力惊人，轻轻的"一个嗝"就能让森林枯萎，山川凋零。

然而，真相的确如此吗？

整个长谷的核心区——一处东西长42千米，南北宽27千米，面积超过1000平方千米的峡谷盆地其实就是长谷火山的火山口，而盆地周围连绵的群峰则是火山口圈壁，只因距上一次大爆发的时间太过久远，曾经完整的圈壁被侵蚀成了一座座孤峰，在地面上难以一睹全貌。由于肥沃火山灰的滋养，长谷地区生态状况要远胜于加州其他地方，这里森林、溪流遍布，野猪、獭兔、鹿等野生动物出没其间，俨然一幅世外桃源的景象。最早进入长谷地区生活的居民是印第安人雅那部落，至今在一些山谷岩壁上还能看到他们绘制的岩画。

长谷火山最近一次喷发是在600年前，此次只是局部喷发，烈度不大，但影响已遍及半个美国西海岸——科学家曾在千里之外的海滨城市奥克兰检测出与长谷成分相同的火山沉积物。而1954年发生的那起二氧化硫溢出，也仅仅是长谷最平常的一次火山活动罢了。

尽管自然条件优越，但雅那部落在长谷中停留的时间很短，甚至还未定居就迁往别处，现在看来，导致他们匆匆迁走的原因还是当地火山活动的频繁。从上世纪60年代开始监测到现在，长谷火山同黄石超级火山、华盛顿州圣海伦斯火山一起，成为美国本土监测最严密的3座火山之一。

假如长谷火山全面爆发，危害究竟有多大？远的不说，整个美国西海岸将毁于一旦，北起旧金山、奥克兰，南到洛杉矶、圣迭戈，所有这些大城市都会被火山灰掩埋。当喷发物持续上升，在大气环流裹挟下，纷纷扬扬的火山灰将飘到日本、中国，甚至中亚和欧洲。这对全球航空业无异于毁灭性的打击。

由于长谷火山的种种特殊性，它的喷发时间目前尚无规律可循，有可能在未来很长一段时间内太平无事，也有可能突然爆发。再加上长谷火山正位于地球环太平洋地震带的腹心地带，它的状况已足以让人担忧了。

## • 印尼多巴火山——种种让人不安的异常

在喷发后的 2000 年里，地球表面平均温度下降了约 8℃，60% 的物种灭绝，当时生活在非洲的人类祖先数量被猛然削减到约 2 万人。

多巴火山似乎已在 7.5 万年前大爆发中耗尽了元气，此后多年不仅没有再次喷发，而且火山周围地质状况也稳定异常。

2010 年时，一些科学家曾建议动用深水潜艇下潜至湖底，安插科研仪器，但这个建议被印尼政府拒绝。

历史上多巴火山的喷发，曾给人类命运带来过重大挫折——99% 的人类在火山喷发后的"冰川时期"死亡，剩下的几万人侥幸逃生，慢慢发展成今天的人类社会。

如今，这座狂暴一时的超级火山已归于沉寂，昔日的火山口也变成了印度尼西亚最大的湖泊——多巴湖。多巴湖是印度尼西亚著名的旅游景区，享有"印尼明珠"的美誉。尽管多巴湖风景优美，让人流连，但在湖水下的那座超级火山却暗藏凶险：据火山专家监测，2004 年印尼地震海啸之后，多巴火山内部的压力、温度都在急剧上升。虽然不敢说它喷发在即，但种种异常已足以让人不安。

众所周知，火山与地震是一对孪生兄弟，特别是体量巨大的超级火山，即使不喷发，每天也是地震频频——它们下面的地壳始终在不停地崩裂、熔化，从而产生震荡。难道多巴火山的这种平静是它生命的终结，成为死火山的征兆吗？对此，所有火山专家的回答都是否定的，而证据也很简单：多巴湖是一座奇怪的湖泊，越往下水温越高，并且自有监测以来，温度一直呈缓慢上升状态，而这正是多巴火山依然活跃、能量积蓄的标志。它不为地震所动只能说明一点——火山之下各种力量已达到平衡，压力不断增大时，火山体积也在不断扩大。但对于超级火山而言，平静其实是最可怕的，偶尔的小喷发能适当释放能量和岩浆容积，延缓大爆发的发生，长久平静的最后往往却一场毁天灭地的灾难，而多巴正是如此。

# ● 火山公园

火山公园是以观赏火山喷发奇景为主题的特殊游览区。建立于地壳活动带上，往往以景色壮观、富有刺激性而成为著名旅游胜地。

## 夏威夷火山国家公园 ＞

夏威夷岛东南部，全世界最活跃的两座活火山冒纳罗亚和基拉韦厄都位于此公园内，迄今仍在不断喷流而出的基拉韦厄火山，仿佛在向所有人诉说自然界的伟大力量。整个基拉韦厄火山的行进路线，乃是沿着长约38英里的火山链路绕行一周，沿途参观林立周围的相关景点。当你看着火山口喷烟袅袅的特殊景观，火山爆发形成的熔岩流以及如同被撞击的陨石坑般的火山口、烟雾弥漫的地热蒸气口，还有像是月球表面般的地质，那一望无际的壮阔美景，真是令人惊心动魄！哈雷茂茂火山口则是传说中火山女神佩蕾居住的地方，这个因为火山爆发撞击所形成的坑洞，像是水分干涸的大湖，也像是上帝突然恶作剧，在地球表面上挖了个大洞，直径大约800

米，深度则有300米，巨大的坑洞真是令
人叹为观止，偶尔还会冒出白色的烟雾，
让人不禁赞叹火山力量的伟大。

沿着火山链路外缘的停车场，有一
条陡峭的下坡小径可以通到瑟斯顿熔岩
隧道，这是一条由火山熔岩迅速由山顶
往下流经所形成的隧道，由于顶端和两
侧的表面冷却，形成一层外壳，而熔岩则
继续流动至海岸，形成一道中空形的熔
岩隧道，由于最初发现这儿的探险队员
叫作罗令·瑟斯顿，因而以他的姓来命
名，经过岁月的更迭，如今隧道口外长满
了绿色的羊齿类植物，洞内偌大的空间，
感觉潮湿而凉爽。

爆发后的火山熔岩，滚烫地流入冰
凉的海水中，由于受到来往浪潮的推挤，
冲击岩石和暗礁而逐渐形成的黑沙滩，
是夏威夷岛最受瞩目的海岸景色之一。

## 新西兰汤加里罗国家公园 >

　　根据文化风景修改标准，新西兰汤加里罗于1993年成为第一个被列入世界遗产目录的地方。地处公园中心的群山对毛利人具有文化和宗教意义，象征着毛利人社会与外界环境的精神联系。公园里有活火山、死活山和不同层次的生态系统以及非常美丽的风景。

　　汤加里罗公园位于新西兰北岛中央的罗托鲁瓦—陶波地热区南端，占地约40万公顷，是新西兰国家公园。汤加里罗

公园是一个独具特色的火山公园，公园里有15个火山口，其中包括3个著名的活火山：汤加里罗、恩奥鲁霍艾、鲁阿佩胡火山。这里重峦叠嶂的群山以及火山活动的奇景，吸引着世界各地的游客。恩奥鲁霍艾火山口海拔约2300米，烟雾腾腾，常年不息。鲁阿佩胡山海拔约2800米，是北岛的最高点，公园内设有架空滑车，可接近山顶。从山顶远眺，可看见方圆百里内的绚丽风光。汤加里罗火山海

不让欧洲人把山分片出售，就以这3座火山为中心，把半径大约1.6千米内的地区献给国家，作为国家公园。1894年新西兰政府将这3座火山连同周围地区正式辟为公园，定名汤加里罗公园。

汤加里罗公园里呈现一片火山园林风光，由火山灰铺成的银灰色大道蜿蜒在山间，峰顶白雪皑皑，十分壮观。苍翠的天然森林环抱着层峦叠嶂的群山和绿草茵茵、繁花似锦的草原，那绿波荡漾的湖泊，犹如中国杭州的西湖，湖中有岛，岛中有湖，加上人工点缀，婀娜多姿。然而，西湖是一个平地上典型的残迹湖，而汤加里罗公园的湖泊却是云雾缭绕的高山火山口湖。

汤加里罗公园的15个火山口，火山活动的奇景千姿百态、各不相同，每游一处，都有耳目一新之感。远眺沸泉，只见热气蒸腾，烟笼雾绕。走近时，可见沸流高喷，呼呼作响，水柱在灿烂的阳光下闪烁着奇光异彩，游人仿佛置身于仙山琼阁之中。冬天，游人也可以跳入热泉天然游泳池中畅游，并且会有一种沁人肺腑的舒适之感。

汤加里罗公园里，地上喷气孔密布，游人可以用几根木条架成"地热蒸笼"，

拔约1980米，峰顶宽广，包括北口、南口、中口、西口、红口等一系列火山口。这里原来归毛利族部落所有，毛利人视汤加里罗火山为圣地。相传，"阿拉瓦"号独木舟首领恩加图鲁伊兰吉曾率领毛利人移居这里，在攀登顶峰时，遭遇风暴，生命垂危，他向神求救，神把滚滚热流送到山顶，使他复苏，热流经过之地就成了热田，这股风暴名叫汤加里罗，此山因而得名。1887年毛利人为了维护山区的神圣，

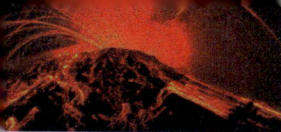

进行野餐，生马铃薯甚至生牛羊肉，都可以蒸熟。公园内为游客服务的旅馆、商店都注意利用当地的地热资源，打一口几十米深井，可采出摄氏一百多度的蒸气，用于取暖和其他生活用热。

汤加里罗公园里，还栖息着新西兰特有的国鸟"几维"鸟。它是新西兰的象征，国徽和硬币均用它用标记。园内还种了从中国移植的猕猴桃，取名"几维果"，是新西兰一种重要的出口商品，汤加里罗公园是新西兰登山、滑雪和旅游胜地。

### 哥斯达黎加博阿斯火山公园 >

火山是哥斯达黎加的一大生态旅游景观，哥斯达黎加的国徽上有3座火山，分别代表了伊拉苏火山、博阿斯火山和阿雷纳尔火山。博阿斯火山位于首都圣何塞东南部57千米，位于中央谷地的西北部，海拔2900多米，拥有目前世界上最大的活火山口，直径达1600米，内有上下两

个湖。上面的湖水清澈透亮，环抱于各种绿色植物之中。下面的湖水有大量火成岩物质，含酸量很高。由于火山的活动，湖中喷出一阵阵白色气体，发出巨大的沸腾声，接着掀起100多米高的巨大水柱，形成世界上最大的间歇泉。随着气温变化和火山活动情况，湖水颜色变幻不定，有时呈蓝色，有时呈灰色。据说是由于火山口底部有小的喷发活

动造成的。

博阿斯火山于1910年首次爆发，1952—1954年又间歇地喷发数次。博阿斯火山现已建成公园，有世界上最大、最高的火山喷泉。气温或湿度的细微变化，会使喷火口喷射蒸气，雾气朦胧，好似给博阿斯火山戴上了一顶"云雾之冠"，使火山充满了神秘的气息。在深达300米的蓝色火山湖周围，是茂密的热带植物，对地理学研究有很大价值。

91

## 卢旺达自然保护区 >

　　美丽的非洲大草原，在遥远的地质年代里，曾经有过强烈的火山活动。现在的卢旺达自然保护区就有许多沉寂的死火山，在那里默默无闻地留下它们早已熄灭了的火山口。它们已经被原始森林覆盖，原始森林掩盖了曾经有过的辉煌。火山的奇观虽然成了过去，而火山口里孕育的珍稀动物又使它有了另一种的辉煌。卢旺达自然保护区又名火山公园，位于该国西北地区。与刚果（金）为邻。面积约140平方千米。附近有卡里辛比火山，海拔4507米。这里地处热带，降水量丰富，山地发育有大片原始森林，并有众多的热带动物大象、白犀牛、河马、野牛、狒狒、猩猩等。其中山猩猩是该公园内保存的濒于绝种的珍稀动物。山猩猩公者身高2米，体重200千克。牙尖、头大、颊宽，动作敏捷，喜过集体生活，常以3至20只为一群体。白天出来寻食，夜晚在搭筑的巢穴内过夜。它们能在树上架巢，母、幼

热泉为特色。公园内有97座火山体。其中火山形态保存完整有火山口、火山锥的有25座，火山锥类型多样。公园内有数级熔岩台地，主要有环火山口熔岩台地、环火山锥熔岩台地和裂隙溢出的熔岩台地，面积大、坡度平缓。腾冲火山熔岩构造景观主要有熔岩空洞、熔岩塌陷、熔岩流动和原生节理构造；火山碎屑岩可见熔集块岩、熔角砾岩和熔结凝灰岩。火山弹引人注目，主要有火山弹、火山角砾、火山灰、浮石、火山渣。其中火山弹形状各异，主要有纺锤状、面包状、麻花状。各种类型的火山锥、火山口、熔岩台地、熔岩流堰塞湖泊等火山地貌十分醒目，构成壮丽的火山旅游景观。这些火山形成于距今约340万年到1万间的上新世至全新世，其中距今约1万年左右形成的火山共4座。较早形成的火山熔岩由于遭受长期强烈风化，火山锥体大多破坏，仅保存6座仍能见穹丘地貌或火山山体的火山。部分是休眠火山。腾冲火山国家地质公园位于阿尔卑斯—喜马拉雅特提斯构造带东段的腾冲变质地体内，印度板块与欧亚板块两个大陆板块陆—陆碰撞对接带东侧，以发育断裂构造、年轻的火山活动和强烈的地热显示为其特征。

猩猩居树上巢穴，公猩猩则居树下巢穴。山猩猩性情温顺，游人在向导陪同下，可与它们握手。目前，山猩猩仅存170多只。联合国曾拨专款对其大力保护。因为有了珍稀的山猩猩，这座并没有火山喷发的火山公园也就更加出名了。

## 云南腾冲火山国家地质公园 ＞

云南腾冲的火山国家地质公园位于云南省西南部的腾冲和梁河县境内。地质公园以古火山地质遗迹及相伴生的地

## 漳州火山公园 〉

　　福建漳州滨海火山国家地质公园（简称漳州火山公园）位于福建省漳州市漳浦县前亭镇、龙海县隆教乡滨海一带，衬托在蓝天、碧海、沙滩、绿林之中，集观光旅游、休闲度假、海上娱乐、寻奇探险、科学研究、科普教育为一体，是一处回归大自然的综合性旅游度假区。

　　区内保留了典型的第三纪中心式火山喷发构造形迹和后期风化侵蚀的地形地貌景观，以4种世界罕见的火山地质遗迹为代表，即南碇岛的柱状玄武岩、古火山口、串珠状的火山喷气口群和玄武岩的西瓜皮构造，是一座天然的火山地质博物馆，具有极高的观赏性、科普性和趣味性。漳州火山公园由香山、林进屿、南碇岛、牛头山古火山口等四大景区组成，而火山岛自然生态风景区则由香山、林进屿和南碇岛三大景区组成。林进屿和南碇岛这两个火山岛有着独特的风韵，它们是新生代第三纪初期古新世到中新世爆发的海底火山，海底喷发后陆地上升，古火山口才陆续露出地表，现仍处在潮间带位置上。

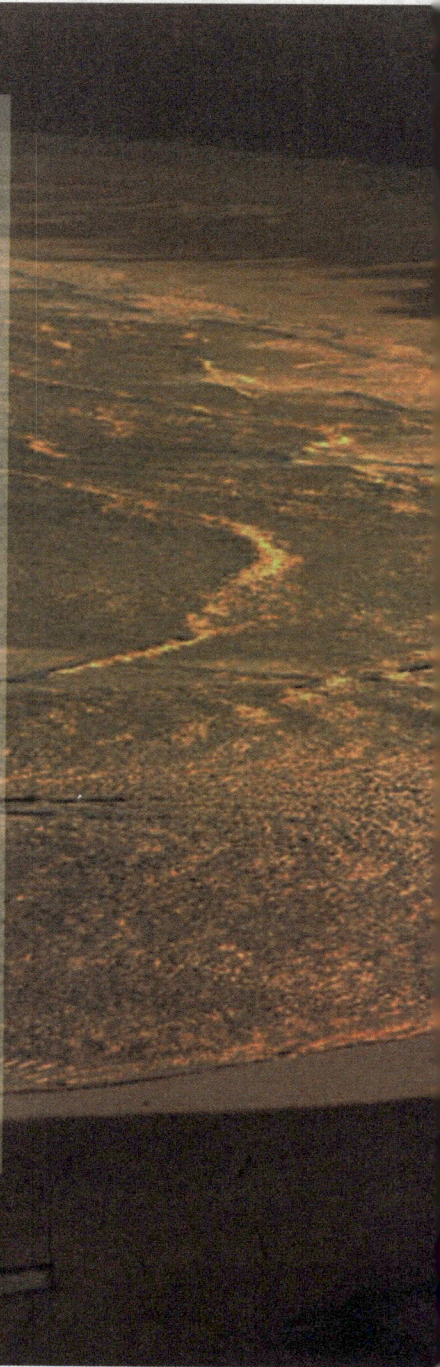

## 海口石山火山群世界地质公园 >

　　海口石山火山群世界地质公园位于海口市西南石山镇，距市区仅15千米，西线高速公路转绿色长廊可达，绕城高速公路穿过园区。属地堑—裂谷型基性火山活动地质遗迹，也是中国为数不多的全新世（距今1万年）火山喷发活动的休眠火山群之一，具有极高的科考、科研、科普和旅游观赏价值。4A级景区，世界地质公园，国家地质公园。

　　地质遗迹主体为40座火山构成的第四纪火山群。火山类型齐全、多样，几乎涵盖了玄武质火山喷发的各类火山，既有岩浆喷发而成的碎屑锥、熔岩锥、混合锥，又有岩浆与地下水相互作用形成的玛珥火山。火山地质景观极为丰富，熔岩流—结壳熔岩，如绳索状、扭曲状、珊瑚状，无不令人称奇，叹为观止。熔岩隧道有30多条，最长到2000余米，其内部形态与景观丰富、奇妙，为国内外所罕见。园区在火山锥、火山口及玄武岩台地上发育热带雨林为代表生态群落，植物有1200多种，果园与火山景观融为一体，为热带城市火山生态的杰出代表。园区内保存有千百年来人们利用玄武岩所建的古村落、石屋、石塔和各种生产、生活器具，记载了人与石相伴的火山文化脉络，被称为中华火山文化之经典。园区总面积108平方千米。主要景点有马鞍岭、双池岭、仙人洞、罗京盘等。

# ● 火山与生物

## 探访火山口的生命世界 >

巴布亚新几内亚的博萨维火山是一座死火山，其巨大的火山坑直径约3000米，是20万年前一次爆发的产物。如今，火山坑早已成为茂密的原始森林。科学家一直都有一种直觉，认为它应该是发现各种珍稀动物的宝库——生活在1000米深的巨大火山坑中，经过几千年与世隔绝的进化历程，它们的模样和习性一定与我们所熟悉的物种存在较大差异。

由科学家和纪录影片摄制者等组成的一支国际探险队，对博萨维死火山进行了一次为期5周的科学探险活动。在当地人的指引和帮助下，探险队登上山顶并进入火山坑。正如科学家事先所预想

的那样，火山口里是一个繁荣的生命世界。

摄影师在火山斜坡丛林地带架设了红外线摄影器材，他们首先拍摄到的是一种猫样大小的巨鼠。探险队员对其硕大的体形感到震惊，然而它们的的确确是老鼠，和在城市下水道发现的同类长相一样，只是个头大了许多。

考察中，科学家共确认了40多个新物种，包括两栖动物、哺乳动物、鸟类、爬行动物、无脊椎动物以及植物，其中有许多是科学文献上从未有过记载的。科学家发现的新物种包括：善于伪装的壁虎、长着毒牙发出唧唧叫声的青蛙、毛刺细长浓密的毛毛虫、全身毛茸茸的蜘蛛。

还有一种特别有意思的鱼，可以从其鱼鳔中发出哺乳动物睡觉打鼾时发出的那种呼噜声。

## 考察海底火山的生物群落 ＞

NW Rota—1火山是研究海底火山活动的"天然实验室"，还可能是地球生命的发源地。NW Rota—1是地球上目前唯一能够在爆发时进行近距离观测的海底火山。

2009年4月，一支国际科学考察队携带遥控机器人"贾森"登上"托马斯·汤普森"号海洋研究船，开始了对西太平洋附近关岛海底火山活动的考察与探险，他们在海底获得了令人瞩目的NW Rota—

1喷发活动的新信息。考察报告称，那里的喷发活动异常活跃，令人惊讶的是，火山活动竟孕育着一个独特的海底生物群落。

科学家还发现了一个高40米、宽300米的新的火山锥。这个火山锥有12层楼那么高，宽如城市街道。而且随着火山锥变得越来越大，生活在火山口上的海洋生物群落也越来越兴盛。在这个不同寻常的生态系统中生活着虾、蟹等海洋生物，其中一些是新发现的物种，这些生物对周围的环境有着特殊的适应能力。

对NW Rota—1火山的研究之所以很重要，是因为它是研究海底火山活动与海底热液系统之间关系的最好"天然实验室"，那里很可能是地球生命的发源地。不间断喷发的火山活动，即使在陆地上也是不寻常的，这就给了科学家一个极好的机会，他们可以放心地观察深海底的火山喷发，获得关于熔岩与海水之间相互作用的珍贵资料。

## 火山珍稀动植物 〉

### • 蕨类：体内有了运输线

维管束是植物体里面水分、碳水化合物、无机盐类的运输线，就像大城市必须要有宽阔的马路发达的交通一样。植物体有了维管束才能长得高大。最初的维管束植物是蕨类，以后是种子植物一年生草本、多年生草本、灌木以至高大的乔木。蕨类是地球上最初的高大植物。在远古的恐龙时代，它们曾长成乔木。现在主要生于热带和亚热带。在五大连池的石缝中，分布有香鳞毛蕨、东北水龙骨、过山蕨、银粉背蕨、耳羽岩蕨等蕨类。在石塘林、白桦林下还有更高大的蹄盖蕨、蕨菜；但最常见的还是香鳞毛蕨。很多蕨类植物有长而大的叶片，

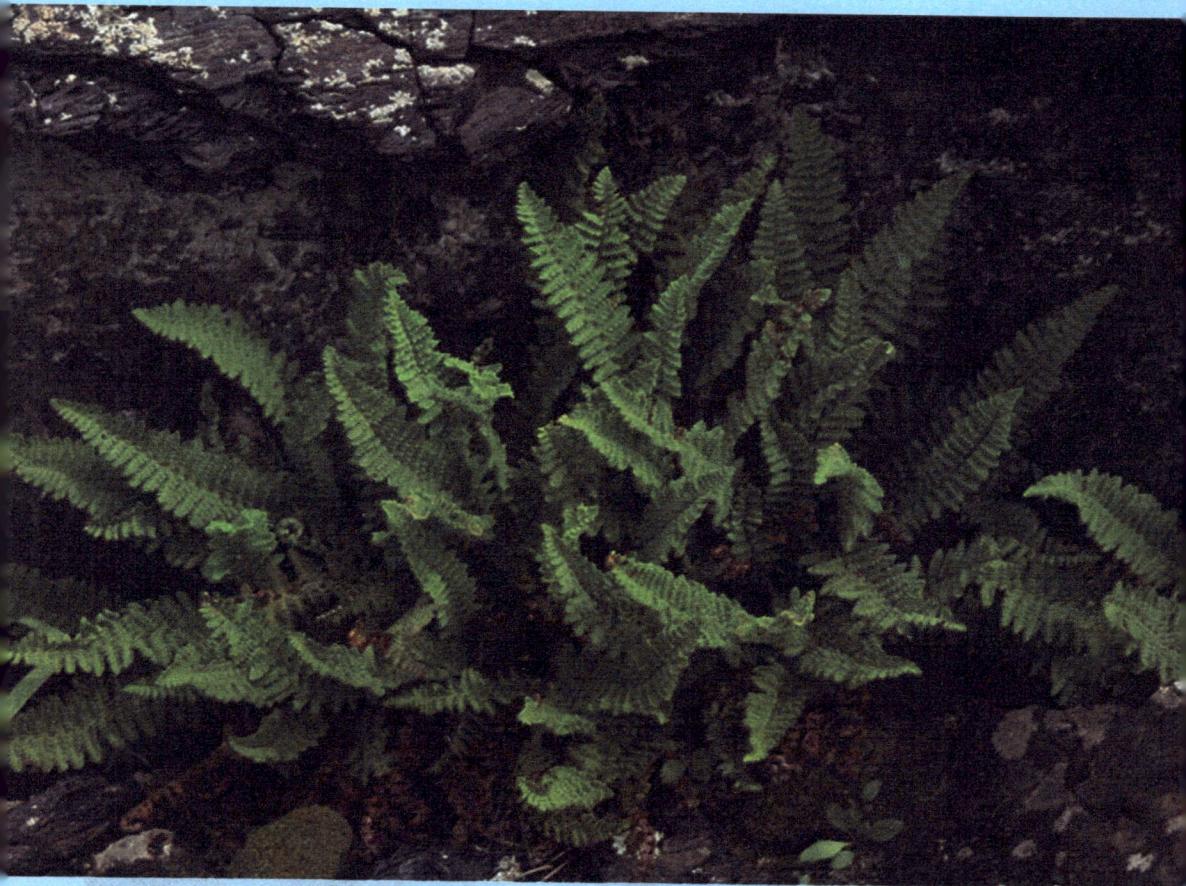

香鳞毛蕨

蜈蚣草、铁线蕨等已被引记为观赏植物。可是像香鳞毛蕨那样又香、又漂亮、又顽强的蕨类并不多见，当地人采集它们当药材。据说，絮成枕头会有很好的催眠作用。当然它的最大作用，只有长在地上才能体现。香鳞毛蕨最喜欢石头。五大连池是它施展的最佳场所。只要有石缝，哪怕只一点点土壤。就能见到它的身影。有时还会沿石缝长成一长串，在石海中排列成又香又美的绿色飘带。香鳞毛蕨在野外表现得如此顽强，常有人把它挖回去，养在花盆里，却很难成活。它离不开岩石离不开五大连池。蕨类是最先出现的维管植物又是最发达的孢子植物。蕨类用孢子繁殖对水分和其他条件有较高要求，体内的维管束虽然有了较高的功效，适应性还不太强，可是它们为适应性更强的种子植物的到来打下了基础。而一年生草本大概是种子植物最先到五大连池新期火山岩上的来客。

99

## • 瓦松: 开始用种子繁衍生命

瓦松, 作为一年生草本植物中的一员非常懂得时间的宝贵。它们的种子到处飞, 只要有一点点土壤, 即使在屋顶的瓦上都能成活并组成群落。因为它们长得像座小塔又有点松树的模样, 所以人们通常把它们叫作瓦松或松塔。它们的寿命很短, 只有不到一年, 和其他一年生草本狗尾草、腺独行菜、刺穗藜一样, 在五大连池新期火山岩上, 成为一大家族。在短短的一生中, 瓦松拼命结出大量种子。充分利用空间和时间传播, 分秒必争, 无孔不入, 在短短几个月内完成有的树木几十年的任务。相对的, 它们有迅速开花结实的绝招, 结出容易传播的种子, 随风吹到任何地方。而别的一年生草本也有对付自己短暂生命的手段。猪毛菜载满种子的整个植株随风滚动, 成为风滚植物; 鬼针草、鹤虱的果实挂在动物和人身上坐"免费车"旅行。一年生草本植物, 很多可以直接作为动物和人类的食物, 马齿苋、猪毛菜不仅好吃, 还治糖尿病和高血压。它们是一群不讲条件、有特殊贡献的植物。在种子植物中, 首先在这里落脚, 可谓功不可没。但是它们的根浅而细只能打游击、钻空子, 真正能站稳脚跟的还要看多年生植物, 首先是多年生草本。

## • 岩败酱：寿命由一年变为多年

　　岩败酱是一种奇特的植物，它埋在地下的根能发出难闻的脚汗味。虽然上面开着鲜艳的黄花。它最喜欢也最适合在岩石上生长，在火山杨疏林中成片分布。在新期火山岩的各个地方，它都是种子植物多年生草本的先锋。和它同类的多年生草本是五大连池最多的类型。估计有四五百种，刚毛委陵菜比岩败酱更耐岩石。多年生草本植物们不仅用根，还有的用根茎，匍匐茎或其他营养体繁殖。也有一些用根寄生，把卷须缠绕在其他植物上。一般到了冬季树叶落下，而日阴菅、鹿蹄草可以在雪下仍保持绿色。多年生草本是湿地和草甸的主角，在森林中也是树木的重要伙伴，是本地生物多样性表现最充分、分布最普遍，生态作用最显著的植物类群。

## • 灌木：没有明显主干的木本植物

　　一般的草本植物到了冬季地上部分凋落，来年再从根部萌发，所以不会长太高。而木本植物来年则从茎顶部接着长。因此可以长得很高并且能积累更多的有机物质，对环境起更大作用。相对矮小，无明显主干的木本植物归为灌木。高大而主干明显的为乔木。像百里香和铁杆蒿顶端枯萎，下部能顺利过冬，被称为半灌木。五大连池除一般的落叶阔叶灌木外，还有常绿针叶灌木，木质藤本和常绿寄生灌木。五大连池的灌木很多，如接骨木、黄花忍

土提

冬、山梅花。分布最多的还属蔷薇科的四姐妹绣线菊、珍珠梅、刺梅果和库页悬钩子，还有低矮的兴安桧。四姐妹都用美丽的花朵打扮自己，吸引蜜蜂和蝴蝶。其中刺梅果和悬钩子还能结出鲜红的果实，是鸟类的美食。不过它们身上都长着刺。它

灌木

们生于新期火山的岩缝中，有时组成灌丛群落。而兴安桧则趴在石塘林的岩石上匍匐前进占领成片的石面。它们身上长满常年保持绿色的针形叶，属于常绿针叶匍匐灌木，结出的大量种子正是啮齿动物——老鼠的主食。

## • 乔木: 使演变进入了高级阶段

植物的演变和占领常常是从低等到高等，从简单到复杂，从矮小到高大，从低效到高效。这里有竞争，但更多的是互助。大家齐心协力为下面更高级的类群积累物质和创造适宜条件，使地球更加丰富多彩。到了种子植物的高大乔木阶段，是否已接近尾声？不，这是一部只有开始没有结尾的连续剧。在火山熔岩特别是新期火山的岩石堆里，一般印象应该是一片荒凉的石海，这里有生长树木的可能吗？有，而且还有森林。五大连池有十几种乔木如黑桦、蒙古栎、山槐、色木槭、榆、胡桃楸等。在新期火山熔岩分布最多的还数香杨、山杨、白桦、黄菠萝和兴安落叶松，原本香杨、山杨、白桦、黄菠萝都是高大的树木，但是为了适应熔岩地形，它们变矬变粗变弯曲，沿着石缝拼命生长，成了钻空子的专家。在结壳熔岩上，扭曲着身子，好像跳着摇摆舞。而兴安落叶松却享受着富贵生活，在营养丰富的新期火山阴坡，火山灰堆积的山脚下形成兴安落叶松纯林。虽然地上铺着漂亮的像绒毡一样的地衣、苔

乔木

藓，但其他伙伴却很少。落叶松常常会感到孤独。而在杨树家族里也不乏挺拔的汉子和秀丽的姑娘，配上鲜嫩的叶子，永远生机盎然。它们多数生于山地阴坡和沟谷组成稠密的群落。五大连池未经熔岩侵犯的山杨林可以高达 25 米以上，而生于沟谷的香杨高达 30 米。它们都是要求条件优越的速生树种。谁也想不到这些娇气包会在火山岩上还有所作为。香杨和山杨的种子随风吹扬，在新期火山岩中站住了脚，根系沿着岩石的空隙拐来拐去寻找水分和营养，而树干也一改以往的姿态明显矮化，多数不足 5 米，有的歪歪斜斜摆出醉汉的架式，有的弯向地面做个高难度动作。而树干基部异常粗壮，树皮撕裂，肿瘤疤痕累累，显得苍老刚劲，好像从来就没有过

幼年。面对石海，它们一个个弯下了腰却不屈不挠，成了茫茫熔岩里最显眼的主角。在这儿，苔藓、地衣依然布满岩石的表面，成为最忠实的伙伴，还有白桦、黄菠萝两个兄弟以及30余种维管植物，共同组成奇特的火山熔岩疏林。

## • 白桦林和冬青园：植物有了大家庭

白桦林是最招人喜爱的林子。白白的树干绿绿的大叶子。五大连池的白桦林有两种类型，未经火山熔岩侵犯过的白桦林树干挺直、密集，高达20米以上。相反，在熔岩上的白桦林却弯弯曲曲形成疏林。白桦林不仅美观而且生物种类非常丰富不仅是很多生物的美好家园，对人类也十分有益，有十几种对人类致病的细菌、病毒在白桦林里都不能成活。五大连池的白桦林与众不同，上面长着一种当地叫冬青的植物，实际上是著名药材槲寄生，为常绿寄生灌木。白桦林里有不少野果如茶藨子、稠李子、草莓，招来很多鸟类。冬季树叶落了，槲寄生仍保持绿色，结满了红色果实，把白桦林打扮得依然美丽。果实正是冬季留鸟的食物，消化不了的种子，同粪便一起排在白桦树干上，来年萌发出新的槲寄生为小鸟提供食物，小鸟又为它们传播种子形成了五大连池的一大景观——白桦冬青园。

白桦林

103

# 火山奇观

## • 石塘林：展示出复杂和成熟

　　一幕幕生物演变的剧目成为漫长的连续剧，不同的是每场戏中间没有明显的间隔，演员多数不会中途退场而是继续扮演角色，只是不再担任主角，这样台上的演员越来越多，在大舞台上分别组成小舞台。成为地衣、苔藓、草本、灌木的小聚会。最高潮的一幕就是大团圆，最丰富精彩的植被——石塘林。石塘林与其说它是一种植被类型还不如说是熔岩生物演变的高峰阶段，其中包括池塘和岩石堆，一般在老期火山中更加成熟。随着时间和空间的梯度变化在石塘林里有的停留在先锋阶段，成为地衣、苔藓群落；有的却到达了最高级阶段，成了乔木园。除了这些在石塘林里还可以看到演替阶段的各种类型，如钝叶瓦松组成的一年生草本，还有蕨类、以

刚毛委陵菜为代表的多年生草本，小半灌木百里香，常绿灌木兴安桧，小乔木山楂、花楸以及蒙古栎、白桦、山槐、黄菠萝和兴安落叶松，藤本植物五味子，常绿草本、寄生植物。石塘林如此复杂，既反映了火山岩流形成的复杂地形，又反映了火山爆发后生命占领和演替的全过程。它是一部内容丰富的天然史书。随着植物群落的演变，野生动物也相继加入。水中的浮游生物、鱼类越聚越多，进而招引来大批水鸟。昆虫在石塘林里几乎无孔不入，加上大量野果吸引了成群的鸟类。野猪最爱吃蒙古栎的果实和水边的根茎植物。幽静的环境，优良牧草使鹿和其他有蹄类光临。足够的榛子、松子，可以满足啮齿动物松鼠、石鼠没完没了的啃食。老鹰、猫头鹰、

狐狸闻鼠而来。这儿的狐狸常把洞选在路边的坡地上，可随时观察人们和老鼠的动静。有时还大摇大摆出来吃人们丢弃的食物。甚至连狼也以老爷的姿态来到了石塘林。最后生物大家庭迎来了两条腿的大型动物——人。他们从各地来到了五大连池观光疗养。五大连池时空变化复杂多变，生物的演变不一定沿着固定模式进行，不仅有正常演替，还有大量外来物种加入，加上气候变化和人为干扰。总之，这里演出的是一场情节复杂、内容丰富的生命演变的连续剧。

## 湿地沼泽：湖边的花环

　　堰塞湖是火山的另一杰作。五大连池就是火山熔岩流堵塞河流形成的五个堰塞湖。熔岩塌陷成洼地也可能积水成湖，岩流熔洞有时成了暗河或暗湖。再加上热泉和冷泉，五大连池湖泊密布。天然湿地沿湖边环状分布成了一个个花环。眼子菜、狐尾藻沉在水中，开着亮丽黄花的莲叶苦菜浮在水面上，菱的浮叶能托起沉甸甸的果实，全凭膨大的叶柄，里面装满气体，相当于救生衣。水边有芦苇、香蒲、水葱沼泽，外面是一圈高1米的菰，再外面就是密集的水菖蒲。沼泽和森林中间，是花朵盛开的五花草甸。共同组成一个个环状分布的植被系列。层层花环中间的水面最精彩，有很多鱼虾、各种鸟类，还有山石、林木、蓝天白云和飞鸟的倒影。

105

## • 黄花梨——木中黄金

　　海南黄花梨素有"木中黄金"之称，与"海南黎绵"、"海捞品"并称"海南三宝"。"世界花梨看海南，海南花梨看羊山"。火山地区黄花梨因其生长环境的独特性，其纹路行云流水，鬼脸生动多变，不虫不腐，不裂不翘，不缩不变，不漆而油亮，而且以具有降血压、平血脂等独特的药用性闻名于世，是制作古典硬木家具的上乘材料。因此海南黄花梨从明朝开始一直是皇宫御用家具的首选材料。

　　近年来随着人们对羊山黄花梨价值的认识加深，许多质量上乘的黄花梨遭到不法分子的砍伐，因此羊山黄花梨现在一料

黄花梨

难求。在 2005 年"上海国际顶级私人物品展",一套海南黄花梨家具创下了 1200 万的拍卖纪录,而当时同场参展的一套限量版的法拉利跑车也不过标价 1000 万元。

## • 火山高山榕——独木成林

火山高山榕凭着独特的方式在火山地区的火山岩上顽强地生长着,因火山地区多石少土,高山榕要吸收到充足的养分,必须把根钻到岩缝下,或把它的气根悬在空中,因此生长过程中形成盘根错节,一棵火山高山榕就是一个巧夺天工的天然盆景。有些大榕树,支根很多,树冠向四周扩展,像一片森林,形成独木成林的壮观景象。

# ● 火山功过谈

## 火山对人类的造福 〉

　　1. 首先火山爆发能带来丰富的矿产资源，地质时期的火山作用能形成多种矿产资源。现阶段人类开发的矿产中，有很大一部分与火山爆发有关，特别是铁矿和铜矿。其次，现代火山活动也形成了丰富的矿产资源。其中意义最大的是金矿资源，有人曾对埃特纳火山做过估算，自1983年3月28日至4月中旬，火山不仅喷出大量的熔岩，还喷发了48千克黄金、118千克白银和大量的其他金属和非金属。美国、日本和新西兰等国都在现代火山活动的后期水热沉积物中，发现了大型金矿床。这些矿床品位高、储量大，称之为热

金矿床

蓝宝石矿床

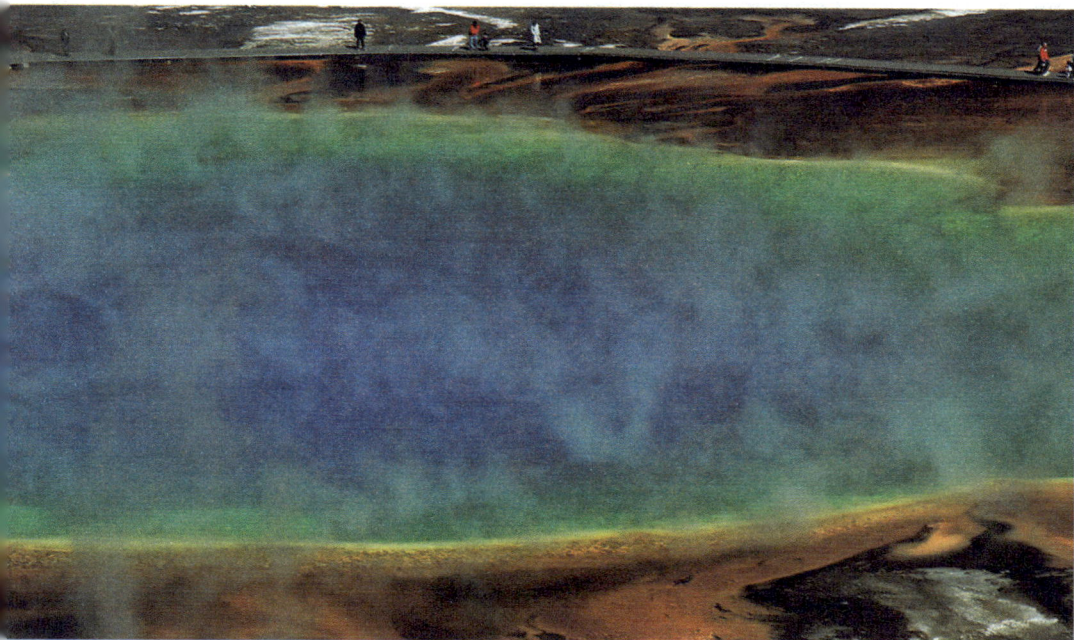

泉型金矿床。这种热泉型金矿成为世界上20世纪80年代以来重要的找矿方向。此外，年轻火山喷出的碱性玄武岩是世界上天然蓝宝石主要产出地，从我国的东北和东部沿海到东南亚，一直延伸到澳大利亚，在这一弧形带上分布着许多蓝宝石矿床，最大者为澳大利亚的新南威尔士蓝宝石矿床，其产量占世界总产量的60%。而火山玻璃、火山灰渣等既是为害成灾的罪魁，又是良好的建筑材料原料。

2. 火山"余热"既可发电又可供暖。冰岛、意大利、法国、日本、罗马尼亚和美国等都利用地热供暖，特别是冰岛，自1928年开始利用地热供暖实验以来，到20世纪80年代，享用地热供暖的人口已占全国总人口的70%，尤其是首都雷克雅未克已全部使用地热供暖，既节约了常规能源，又减轻了环境污染，市区非常洁净，享有"无烟之城"的美誉。人们利用地热建造温室、加热日用水、种植果树和蔬菜、饲养禽畜和鱼虾等造福于人类。火山余热的大规模开发利用是地热发电。目前，全世界已有13个国家在利用地热发电，总发电量达5004兆瓦以上，1977年10月1日我国第一台兆瓦级地热发电机组在西藏羊八井发电，目前发电已超过6.5亿千瓦时，这对缺煤少油的西藏来说真

五大连池

是太宝贵了。

3. 火山爆发"雕塑"出奇特的旅游资源。火山喷发如鬼斧神工雕塑出各种各样的奇特的火山地貌，火山后期的喷气温泉等又为人类提供了丰富多彩的旅游资源。世界上的"火山大国"意大利、新西兰、日本和美国等无一不利用火山奇景开发起火山旅游事业。意大利西西里岛靠吃火山饭的人不下30万。新西兰多处的火山公园，日本的"富士五湖"，美国的黄石公园、万烟谷和拉森峰以及夏威夷群岛，韩国捉足岛上的"万长洞"等，都是世界著名的旅游胜地。我国东北的长白山天池和五大连池、西南边陲的腾冲火山等也成了旅游胜地。

4. 火山爆发为人类提供了肥沃的土壤。伴随着火山爆发，在火山附近往往会堆积一层厚厚的天然土壤——火山灰土壤。火山灰土壤里富含氮、磷、钾等营养成分，十分肥沃，对农作物的生长非常有利。古巴具有"世界糖罐"之称，盛产甘蔗；中美洲的厄瓜多尔和东南亚的菲律

火山灰土壤

宾又盛产香蕉，它们之所以成为热带经济作物的基地，都得益于它们拥有极其丰富而肥沃的火山灰土壤。也许将来有一天，人们会在有火山频繁爆发地区建立"火山灰肥料工厂"，把价廉物美的火山灰肥料运往世界各地，促进其他地区的农作物生长。

5. 火山还是一座天然化工厂。伴随着火山爆发一起喷出的还有大量的氯化氢、氟化氢等气体，它们都是有用的化工产品原料。例如：美国的阿拉斯加有座火山叫万烟谷，每年喷出氯化氢气体125万吨，喷出氟化氢气体20万吨。如果将它们全部搜集起来加以利用，既能避免气体造成的环境污染，又能用它们为工农生产服务。

6. 火山作用的另一个好处是为我们制造陆地。地球表面大约有71%被海水覆盖，海底火山经年累月不断地冒出岩浆，冷凝成岩石，如此长期堆积，直到有一天岩石高出水面形成岛屿。夏威夷群岛与冰岛就是这么形成的，至今，岛上还

111

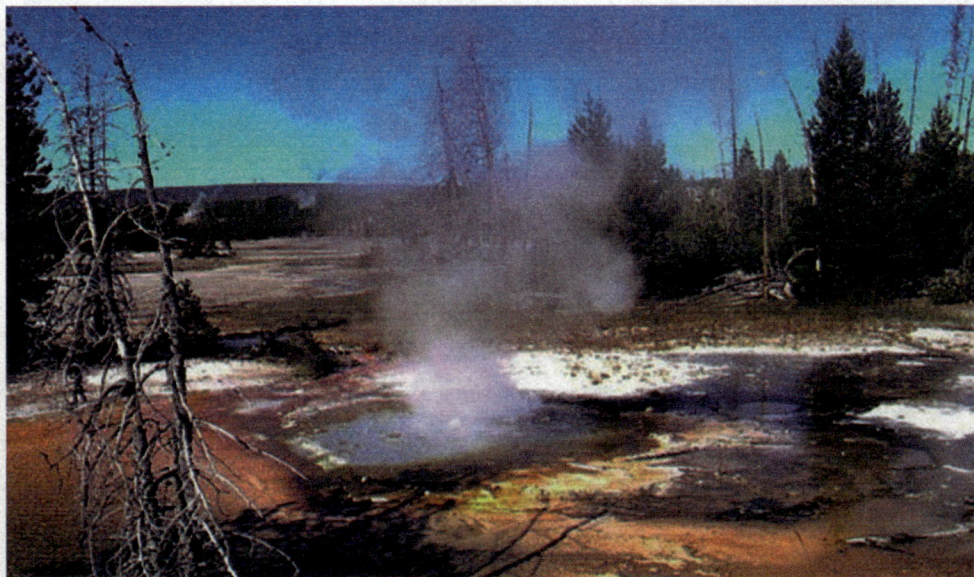

有活动火山不时喷出岩浆。

此外，火山爆发所形成的火山灰云层会在爆发后一段时间内影响该区阻挡太阳光，该区的平均温度亦因此下降，科学家认为火山爆发是地球天然的气候调整机制。

## 火山对人类的危害 >

### • 破坏环境

火山爆发喷出的大量火山灰和暴雨结合形成泥石流能冲毁道路、桥梁，淹没附近的乡村和城市，使得无数人无家可归。泥土、岩石碎屑形成的泥浆可像洪水一般淹没整座城市。岩石虽被火山灰云遮住了，但火山刚爆发时仍可看到被喷到半空中的巨大岩石。

### • 碎屑污染

火山碎屑是火山喷出的岩浆冷凝碎屑以及火山通道内和四壁岩石碎屑。火山碎屑按大小分为大于鸡蛋的火山块，小于鸡蛋的火山砾，小于黄豆的火山砂和颗粒极细小的火山灰；按形状分为：纺锤形、条带形或扭动形状的火山弹，扁平的熔岩饼，丝状的火山毛；按内部结构分为：内部多孔、颜色较浅的浮石、泡沫，内部多孔、颜色黑、褐的火山渣。被喷射到空中的火山碎屑，粗重的落在火山口附近，轻而小的或被风吹到几百千米以外沉降，或上升到平流层随大气环流。火山喷发时灼热的火山灰流与水（火山区暴雨、附近的河流湖泊等）混合则形成密度较大的火山泥流。火山灰流和泥流都带有灾害性。

火山碎屑熔岩是火山碎屑物质的含量

占90%以上的岩石，火山碎屑物质主要有岩屑、晶屑和玻屑，因为火山碎屑没有经过长距离搬运，基本上是就地堆积，因此，颗粒分选和磨圆度都很差。

## 火山悲剧 >

1902年5月8日，这天正是西印度群岛的马提尼克岛上圣皮埃尔镇的厄运之日。仅仅两分种的时间，3万多人便丧生于培雷火山喷发的火灾之中。圣皮埃尔镇的悲剧，很大程度上是愚昧、错误的决策酿成的。因为早在火山喷发前的一个月，人们就已经发现了十分明显的前兆现象：4月2日，培雷火山就开始有大量硫化氢气体喷出；4月27日，火山顶上的火山湖不断冒出了热气腾腾的气体；5月4日，山顶上不时传来雷鸣般的爆炸声；5月6日，火山喷出的火山灰纷纷扬扬，烟雾笼罩全镇，天空一片昏暗……这么明显的火山喷发征兆出现在人们面前，况且大家都知道培雷火山早在19世纪50年代前曾经发过一次，是座活火山，照理说政府早就应该预报灾难、疏散居民了。可是这一切并没有引起当局的警惕和重视。总督为了稳定局面，保证选举的正常进行，竟然出动军队封锁街道，阻止居民外出避难，而且愚昧地大造舆论以安定民心。甚至就连当时的科学权威兰兹教授也丧失了

科学家起码的求真、求实的可贵品质，充当了政府的宣传工具。如果说，培雷火山的喷发是大自然逞凶，那么，贪婪、无知的总督的愚昧决策就是杀死圣皮埃尔镇上3万多居民的真正凶手。

无独有偶，1983年以后，同样的悲剧在南美洲的哥伦比亚重演了。1985年4月13日，当鲁伊斯火山喷发在即，火红、滚烫的熔岩挟带着泥石流呼啸而下，冲毁阿尔梅罗城的变电所时，镇长还在教堂带领居民做弥撒，祈求上帝保佑。于是3万民众转瞬就葬身在愚昧的镇长的错误决策之下。

类似的错误决策还有很多。这一幕幕惨绝人寰的灾难，在给人类带来巨大的痛苦的同时，也给人类沉痛的教训。

火山报警花

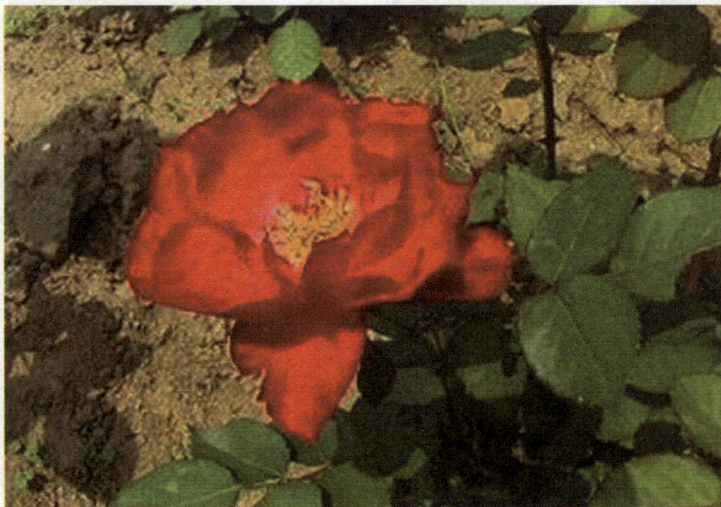

## 怎样预测火山喷发 ＞

### • "火山报警花"

在人类能够控制火山活动之前，加强预报是防止火山灾害的唯一办法。科学家对火山爆发问题的研究，常常得益于动、植物的某种突然变化。许多动物往往在火山爆发之前就纷纷逃离远去，似乎知道大祸即将临头。印度尼西亚爪哇岛上有一种奇特的植物，在火山爆发之前会开花，当地居民把它叫作"火山报警花"。

### • 宏观前兆异常

宏观前兆异常是指以肉眼和感官容易察觉的火山骚动反应及表现。主要包括：

1. 会有地光出现。
2. 可见的地表变形标志。
3. 从蒸气喷孔、喷气孔、泉眼等发出气体气味、颜色、噪声及其喷发物体积和速率的增减变化；火山口有气体冒出或着比以前的气体冒出速度加快；火山口及周围地区可以闻到刺激性气味，一般是硫磺和硫化氢的味道。
4. 水位、水温、

114

水化学等异常变化。火山周围的水温会比平时的高很多。

5. 生物异常，包括植物褪色、枯死与小动物（如猪、狗、猫、家禽等）的行为异常（如烦躁不安）及死亡等。

6. 地下发出噪声，有感地震和其他由地震而引起的震动。

## • 微观前兆异常

微观前兆异常是指信号微弱而不易被人体或动物感官系统察觉，只能通过仪器才能检测到的异常现象。主要包括：

1. 火山性地震活动。

2. 火山地表形变。

3. 电磁变化。火山口周围的电磁波发生异常变化。

4. 重力变化。

5. 地热变化。

6. 地下水水位、温度及化学成分变化。

火山喷发是因为地壳变动等原因，喷发前地磁场会有变化，也会产生人感觉不到（机器和动物可以感到）的岩层震动，测量这些就可以预测。当然，也可以不是被动的收集数据，也可以主动地用次声波回声定位等对地壳进行探测。

## • 预测成功实例

火山喷发给人类带来巨大的灾难，一次火山喷发使数万生灵和他们的家园毁于一瞬。火山喷发看起来是突然的，但它是有规律的，前兆也比地震明显得多。火山喷发前山体易膨胀，这是熔岩在其内部涌

动造成的。火山附近的温泉、热气口及火山口湖的温度在喷发前经常急剧上升。熔岩在深处流动会引起局部地区重力和磁力的变化。为了准确、及时预报火山喷发，科学家们一直在不懈地努力，并成功地对一些大爆发做出了准确的预报。如 1979 年在圣海伦斯山的北坡产生过一个圆丘，1980 年 5 月 18 日大爆发前，该圆丘竟以每天 45 厘米的速度增长。美国在此周围设有 13 个观测站，最终准确地作出了预报，而火山的爆发就是从掀去这个圆丘开始的。

### • 给火山做CT预测火山喷发

现在的人们做个 CT 检查一下身体，看看内部器官是否有病变已经是十分平常的事了。能不能用类似的原理来探查火山内部的情形？意大利科学家对埃特纳火山进行了这样的尝试，有关技术将来有望用于帮助预测火山喷发。在医学上，CT 扫描的原理是用 X 射线照射人体，观察它穿过人体内部时发生的变化，从而得到体内构造的三维图像。意大利国家地球物理与火山学研究所的科学家用类似原理来观察埃特纳火山。不过他们不是使用 X 射线，而是借助地震波。地震波穿过岩石时，如果岩石的密度发生变化，波的速度也会发生变化。记录并分析波速，就可以得到火山内部结构图像。

## 先进的火山管理系统——日本 ⟩

日本是世界著名的火山国家，境内的2/3以上的火山活动相当活跃，有不同程度的危险性，因此，日本政府在很久以前就注意对众多的火山加强监控。据有关部门统计，日本目前归政府管理的活火山，是根据其活动情况与喷发可能性的大小来进行分级管理的。其中属于"A"级的有4座，"B"级的有16座（甲组12座，乙组4座），"C"级的有40座，共计60座。对于"A"级活火山，由政府设立专门研究机构，有些大学也在现场设立观察站，配合政府机构进行经常观察和严密监测，定期前往观测。更重要的是，日本有一个"科学技术厅国立防灾科学技术中心"，它的主要任务是推动防灾科学技术的综合试验研究，它是日本国自然灾害研究工作的综合性中枢机关。日本的"中央防灾会议"则是日本防灾工作的最高决策机构，成员是日本各省厅的负责人，最高领导是日本内阁总理大臣，该会议是综合协调减灾的最高权威，火山灾害的管理就直属于他们管理。

另外，日本还有"自然灾害预防局"等专门综合机构，来协调各地区、各部门的工作，这样，减轻灾害就不再是一句空话了。

## 化害为利造福人类——美国 ›

随着火山研究的深入开展，对火山的利用也日趋进步。美国近年来在夏威夷基劳亚火山的伊凯熔岩作钻探试验，想把汲取热能的管道一直插到火山口之下的熔融的岩体中，以直接取得热能。这一大胆的实验如果成功，将使火山区能源的利用进入一个崭新的时代。

## 改变火山流向的成功尝试——意大利避其锐气躲灾难 ›

1983年3月28日，意大利埃特纳火山再次爆发。火山熔岩流不断毁坏森林、农作物、道路和房屋，前后延续了47天造成几十亿里拉的重大损失，而且继续严重威胁着山下几个村庄的安全。火山

118

喷发给人类带来灾难，怎么来躲避防灾呢？

意大利政府为了防止灾情扩大，保护村庄的安全，采取措施，用人工来改变火山熔岩的流向。先在海拔2150米高处熔岩主流道壁上炸开一个缺口，然后从这缺口到死火山里挖出一条平均宽4米、深3米的人工渠道。然后用人工爆破法使爆破缺口流出的火山熔流改道流入一个死火山口里。尽管这是一次尝试，但为科学利用火山熔岩做了大胆试验，为化灾变利迈开了可喜的一步。瑞典火山专家对埃特纳火山进行过两次引爆试验后，证实完全可以用引爆的办法使将要爆发的火山提前流出岩浆，并让它按照预定的方向流走。这样就避免了火山自行爆发时漫无方向的涌流所造成的巨大的灾难。

# ● 火山文化

因火山的喷火、喷气、凝硫、温泉等活动或火山的独特地形、地貌或地理而使当地的居民社会在宗教、文学、艺术、技术、习俗等方面产生区别于其他地区的特征，这种独特的人文文化特征可称为当地的火山文化。当前，通常也把当地火山在自然科学上的独特特征，也包括在当地的火山文化中。

**圣水节** >

地中海一带经常喷火或气的火山被认为是神山而产生祭祀活动与神话传说，腾冲温泉地区产生了利用温泉的技术与生活习俗，五大连池的火山矿泉被当地居民认为是圣水，而形成了圣水节。

## 原生态的火山文化 >

漫长的岁月里，在1000多平方千米的琼北火山地区，火山人与石头相依相伴，结下了不解之缘。石头给火山人带来种种不便，限制他们扩展空间，造成种种苦难和悲欢离合，但石头也打磨了火山人的品格，淬砺了他们坚韧顽强的意志。正是在石头的围困和赐予中，火山人创造了特有的生产、生活方式和独特的精神世界，把沉睡了万年的火山多姿多彩地展现在世人的面前。

## 火山石 >

火山人运用石头的智慧，令人叹为观止。走进火山地区的村庄，如同走进石头的世界。村门、村墙、村道、民居、水井、庙宇、雕像、牌坊、碑刻，一概都是石头。坚硬黝黑的石头，在火山人的智慧和耐心下，变得细致温情。琼北、琼西火山地带的房屋，大部分用石头建造，那是一件件精美的艺术杰作。海口羊山地区石头垒起的羊圈，羊能进去却不能自己出来，用不着担心会被盗或走失；儋州北岸和洋浦一带用石头围起来捕鱼的"冲"，渔民们只管等到海水退潮，便来收鱼。

村墙

## 火山婚葬习俗 ＞

　　火山地区有许多奇特婚俗，如"数缸订婚"。在当地有一首广为流传的歌谣："嫁女不嫁金，不嫁银，谁家缸多就成亲"。这是由于羊山地区水源奇缺，需水缸存储雨水，于是水缸成了婚姻生活中必不可少的东西，成了财富的象征，由此便有了"数缸嫁女"的习俗。还有"哭婚"，因为羊山地区生活比较艰辛，父母把儿女抚养成人不容易，因此吉日前三天晚上，出嫁女邀请姐妹、婶、嫂等到自家，尽情嬉闹之后，便一同大哭，痛骂父母将女儿"赶出"家门，父母听后，则认为女儿一片孝心，哭婚一般要连续三个晚上。直到新郎来接，上花轿时，还要轻声哭泣。

　　除了火山婚俗，火山地区还有各种特色的民风民俗。火山地区安葬习俗也具有特色，火山地区的老人辛苦了一辈子，他们担心死后没一个良好的安葬之地。因此在60多岁时拿出毕生的积蓄，为自己准备荔枝木棺板和用火山石做的石棺，然后请风水先生为自己选一块风水宝地，择一个良晨吉日，摆上酒席，邀请亲朋好友来庆祝一番，把石棺放到风水宝地安放好。这才了却了老人家一辈子的心愿。

## 火山山歌 >

流传于火山一带的民歌，是生活在这一地区的代代人生产生活的结晶。这些民间歌谣多用当地俗语演唱，这使一些即使是目不识丁的老百姓易懂易记并能随口唱出，他们将生活中的小事通过含蓄幽默的方式艺术化，通过直抒其意、借物抒情等手法唱出心中的感叹或表达丰收的喜悦。它曲风纯朴、形式多样，语言精练、内容丰富，有反映当地生活艰苦的"南瓜一个吃几顿，配米做饭水黄黄"，有的反映许多妇女嫁到羊山地区后挑水辛苦的"只因父母贪银封（红包），以致嫁依去羊山，通年天旱缺水吃，挑水桶去觅四方"，有的反映民风民俗、社会生活、爱情等。它唱法有独唱、男女对唱以及合唱方式。

民居

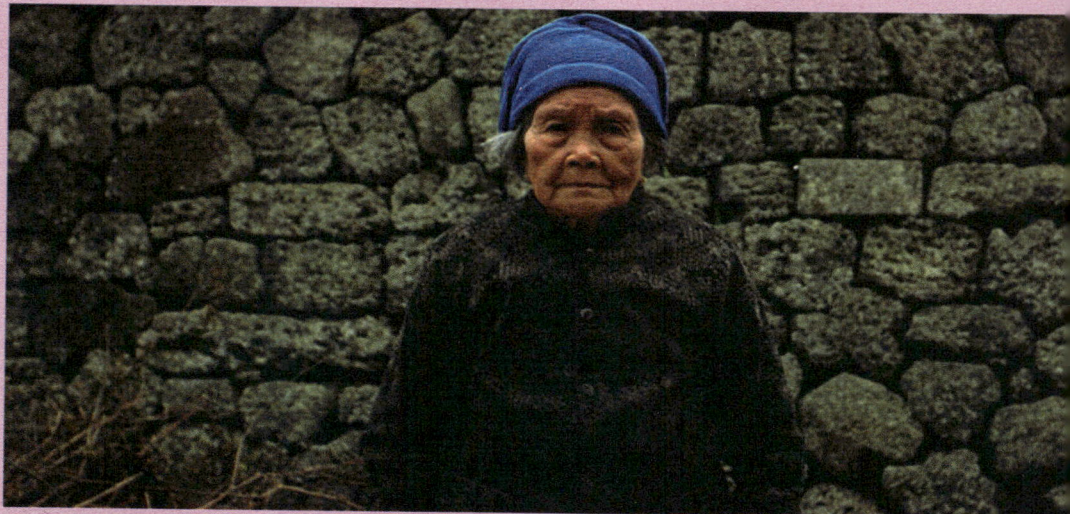

年长老人

### 火山人长寿 ＞

生长在火山地区的人民虽然生活比较艰辛，但都比较长寿。80岁以上的老人比比皆是，身体强健，鹤发童颜，还能上山砍柴、耕作等。截至2008年8月底，海口市的百岁老人已经达到244人，并且主要集中在羊山（火山）地区，其中最年长的叫周利祥，已104岁了。

他们之所以长寿，是因为他们喝的是经过几十层火山岩过滤的火山天然矿泉水，吃的是原始生态食品以及火山植物营造的良好气候条件。

1. 气候条件。羊山地区属热带季风性气候，受山地气候和海洋气候影响，四季如春，冬暖夏凉，降水分布均匀，年平均气温22.3—23.8℃，低于15℃的时间约7天左右。

2. 生物条件。园区植被四季常绿，至今仍保存数百公顷热带原生林，是海口市的"氧气通道"，是一个大型的"天然氧吧"和天然的"疗养院"。

3. 水资源。火山地区的地表水在向下渗透的过程中，不断得到净化和矿化。玄武岩地下水中含有对人体健康有益元素：$Na$、$Ca$、$Mg$、$HCO_3$、$PO_4^{3-}$、$Mo$、$Sr$、$Li$、$Si$，具有促进人体骨骼正常生长、增强心肌活动、中枢神经、细胞新陈代谢等显著的保健功能，长期饮用自然健康长寿。

这里存在现代科学和神秘学交织的文化。

印尼爪哇岛的默拉皮火山是世界上

最危险的火山之一，1930年的大爆发曾导致1300多人死亡。即便是平常，熔岩、落石和有毒气体也威胁着附近的村落。2006年5月起，该火山又出现了即将爆发的迹象，数千人被迫疏散，甚至连猴子都在逃亡。

然而，基纳罗村的人却没有离开，因为他们都听从先知穆巴赫·马里安的话。马里安被称为"火山看门人"，不仅是基纳罗村，20英里外日惹市50万居民的命运都寄托在他身上。他的工作就是举行一种特殊仪式，安抚传说中居住在火山里的恶魔。

但这一次，仪式似乎没起到什么作用，火山学家、军方高官，甚至连印尼副总统都请求马里安带着居民疏散，而他却对警察说："你们来通知我，这是你们的责任，但留下却是我的义务。"

在其他地方，马里安的行为无异于自杀，但在印尼却没人这样认为。这本身就是一个遍布火山的国家，平均每129个人就有一个火山，在全世界都是绝无仅有的。对许多印尼人来说，火山不仅是一种生活常态，其本身也是一种生命。火山灰滋润的土地，可以让爪哇人每季收获3次。临近的婆罗州只有一座火山，那里的农民就没这么幸运。

某种意义上，印尼的火山是一个混合了神秘学、现代生活以及各种宗教的大熔炉，对火山的敬畏则是印尼最大的特点。如果说监测默拉皮火山的政府机构代表着现代科学，那么马里安就代表着神秘学。1996年，曾有一位荷兰旅游者在默拉皮火山失踪，据说是马里安让火山上的浓雾消散，帮助救援队在一个峡谷里找到了受伤的游客。

现代的火山监测越来越先进，但仍不足以准确预报火山爆发。马里安笑着说："爆发？那是专家说的，但像我这样的傻瓜，并没觉得今天的火山和昨天有什么区别。"

## ▷ 为什么人们在火山附近聚居

火山喷发是地球内部能量的释放和展示，它不仅会在瞬间掩埋一座城市，也会在很长的一段时间深刻影响人们的生活。

众所周知，火山喷发时喷出的大量火山灰和火山气体常常会导致连月的大雨、泥浆雨或是泥石流。这些火山灰和火山气体还会随风散布到很远的地方，遮住阳光，导致气温下降和空气质量的变坏。坦博拉火山1815年的喷发使得北半球无夏季，法国粮食歉收，印尼大减产。1982年墨西哥钦乔纳尔火山喷发，形成高20千米、厚3千米绕地球一周的火山灰云，日照减少20％，使高纬度国家（欧美）异常温暖，而南亚的热带国家寒冷反常，或旱涝频仍，或风雪交加，大批牲畜死亡，饥民流离失所。而且，火山爆发还可能导致地震，这种地震占世界地震总数的7％。

然而，为什么会有那么多人聚居在火山区？为什么在维苏威火山蠢蠢欲动的时候，那不勒斯城却越来越繁华呢？

就像古代的尼罗河一样，一年一度的泛滥尽管会造成洪灾，却也带来肥沃的泥土，孕育了辉煌的农耕文明。火山的喷发——如果不是在俯冲地带大爆发产生毁灭性的后果，会带来数十厘米厚的火山灰，就像是给土地

下了一层天然的肥料。火山灰富含矿物质，是优质富钾肥料，对葡萄种植、香蕉和甘蔗等特别适宜。火山运动还往往会形成大型的金、银、铜、铀及金刚石、刚玉、石榴石等矿床，例如意大利的埃特纳火山曾每天喷出240千克黄金和9千克的白金，这也是吸引人们聚居于此的重要原因之一。

火山还是地热的来源，喜欢泡温泉的国家，如冰岛和日本，都是火山活动频仍的地区。火山温泉常富含I、B、Li、Sr、Cs等元素，养颜润肤。现在，火山泥更加成为了女性美容的圣品，愈纯愈贵，小小一罐价值不菲，人们依然趋之若鹜。除此次之外，火山岩、火山灰还是隔音、绝热、轻质、抗压磨、耐酸碱、防放射性的建筑材料与制造水泥、铸石、岩棉等的主要原料。

也许正因为如此，尽管2006年初美国和意大利的火山科学家们预言，维苏威火山在将来可能有一次比公元79年更强的爆发，那不勒斯城也将面临灭顶之灾，人们还是坚韧地生活在这个美丽富饶的地方。

火山爆发还会带来许多其他意外的后果。不考虑未来喷发的危险性，人们很向往火山地区，因为这些地方的土地里富含矿物质，谷物生长良好。采矿者们涌向科罗拉多找黄金，到内华达州找白银，到亚利桑那找铜，他们都不知道这些贵重金属是火山的杰作。南极洲埃里伯斯火山喷发时，银装素裹的陆地上就会出现纯金显微颗粒。在南非和西伯利亚，火山根部的碳在高压下形成金刚石。当一位男子送给心上人一颗金刚石和订婚金戒指时，他送的就是火山的杰作。

**图书在版编目（CIP）数据**

火山奇观/李应辉编著. —长春：北方妇女儿童
出版社，2015.7 （2021.3重印）
（科学奥妙无穷）
ISBN 978-7-5385-9339-6

Ⅰ.①火… Ⅱ.①李… Ⅲ.①火山—青少年读物
Ⅳ.①P317-49

中国版本图书馆CIP数据核字（2015）第146857号

# 火山奇观
HUOSHANQIGUAN

| | | |
|---|---|---|
| 出 版 人 | 刘　刚 | |
| 责任编辑 | 王天明　鲁　娜 | |
| 开　　本 | 700mm×1000mm　1/16 | |
| 印　　张 | 8 | |
| 字　　数 | 160 千字 | |
| 版　　次 | 2016 年 4 月第 1 版 | |
| 印　　次 | 2021 年 3 月第 3 次印刷 | |
| 印　　刷 | 汇昌印刷（天津）有限公司 | |
| 出　　版 | 北方妇女儿童出版社 | |
| 发　　行 | 北方妇女儿童出版社 | |
| 地　　址 | 长春市人民大街 5788 号 | |
| 电　　话 | 总编办：0431－81629600 | |

定　　价：29.80 元